复杂认知活动中结果评价的脑机制

买晓琴　著

科学出版社

北京

内 容 简 介

结果评价的脑机制是认知神经科学研究中的重要课题，本书作者采用事件相关电位（event-related potential，ERP）技术，考察了三种相对复杂的认知任务，即欺骗、赌博，以及猜谜，并且选择了将纵向深入的递进式研究和横向展开的比较研究结合起来的研究方法，试图揭示复杂认知活动中结果评价过程的神经机制。本书呈现了从研究背景、问题提出、设计思路、研究方法、数据分析、结果到最后讨论这一完整的研究过程，能令读者较为全面地了解复杂认知活动中结果评价的脑机制及相关的研究过程。

本书对于社会认知神经科学领域的研究生和研究者进行相关的科学研究具有一定参考价值。

图书在版编目（CIP）数据

复杂认知活动中结果评价的脑机制 / 买晓琴著. —北京：科学出版社，2016.12
　ISBN 978-7-03-050935-2

　Ⅰ. ①复… Ⅱ. ①买… Ⅲ. ①脑机制–研究 Ⅳ. ①B845-1

中国版本图书馆 CIP 数据核字 (2016) 第 282028 号

责任编辑：胡治国　周　园 / 责任校对：郑金红
责任印制：张　伟 / 封面设计：陈　敬

科 学 出 版 社 出版
北京东黄城根北街 16 号
邮政编码：100717
http://www.sciencep.com

北京建宏印刷有限公司 印刷
科学出版社发行　各地新华书店经销

*

2016 年 12 月第 一 版　开本：720×1000　B5
2017 年 1 月第二次印刷　印张：9
字数：250 000
定价：55.00 元

（如有印装质量问题，我社负责调换）

前　言

　　我们在日常生活中总是直接地、自动地并且几乎是不由自主地评价着我们遇到的任何事物，尤其是我们对于自身或他人的行为所导致的好坏结果或奖惩反馈的评价更能直接影响我们以后的行为，并且由此而产生一种朝向评价为好（喜欢）的东西或远离评价为坏（不喜欢）的东西的感受倾向，这一过程就是结果评价（outcome evaluation）。结果评价是认知系统的核心功能之一，它对人类认知发展以及多种认知能力和技巧的形成都有重要的作用。揭示结果评价过程的认知与脑机制有助于指导人们的决策和学习，从而优化和改善各种行为，在教育、心理健康、经济等方面均有广泛的应用前景，因而这方面的研究近年成为认知神经科学领域的热点问题。

　　目前研究者们主要采用事件相关电位（event-related potential, ERP）对结果评价的神经机制进行研究，已有研究发现两个与结果评价相关的 ERP 成分：反馈相关负波（feedback-related negativity，FRN）和 P300。而相关的 fMRI 研究则发现前额叶皮层（prefrontal cortex，PFC），尤其是前扣带回（anterior cingulate cortex，ACC）在结果评价过程中起重要作用。然而到目前为止，关于 FRN 和 P300 的认知和神经加工机制仍然不清楚；而且，结果评价过程的认知神经研究主要是基于一些较为简单的任务（比如简单判断任务和简单赌博任务）的研究，而很少有关于复杂认知任务的研究。

　　在本研究中，我们采用了三种相对复杂的认知任务，即欺骗、赌博，以及猜谜，并且选择了将纵向深入的递进式研究和横向展开的比较研究结合起来的研究方法，试图揭示结果评价过程的神经机制。首先，我们以一个研究任务（欺骗）作为突破口，由浅入深，由简入繁地进行了三个纵向实验，分别对简单反应行为、简单欺骗行为和复杂的交互式欺骗行为中结果评价的 ERP 相关成分进行了研究。然后，我们又从横向对比的角度对赌博行为中结果评价的神经机制以及猜谜行为中结果评价的神经机制两个问题进行了研究，将它们的结果与欺骗行为的结果进行横向比较。

　　研究结果发现：①不同任务以及有奖赏和无奖赏的结果评价加工都伴随着 FRN 和 P300 的出现，说明 FRN 和 P300 是与结果评价加工有关的两个基本 ERP 成分。偶极子源定位分析显示，FRN 起源于 ACC 背侧尾部，而 P300 的起源靠近 ACC 的喙部。②FRN 和 P300 在功能上表现出明显的认知和情绪的分离现象：FRN 反映的是一种做出反应以后实际结果与期望不一致时的认知冲突加工，而 P300 反映的是对结果刺激的情绪评价加工，并且 P300 波幅的高低与被试自己的情绪体验强弱有关。③期望和动机对结果评价过程中的冲突成分和情绪成分有着重要影响，这种影响也主要表现在 FRN 和 P300 上。总的来说，任务越复杂，被试的期望和动机越强，结果评价阶段所产生的认知冲突和随后的情绪体验也越强。

本研究具有重要的理论意义和现实意义。在理论意义上，结果评价阶段是人类认知行为中重要的组成部分，其神经机制的研究对相关的决策、反馈和其他社会认知研究都有着重要的影响；在现实意义上，欺骗、赌博和猜谜等是人类社会生活中常见的行为，对它们的脑机制研究对我们理解和分析人类行为有着重要意义，在教育和经济领域都有十分重要的应用价值。

本书之所以得以完成，离不开我的导师罗跃嘉教授和罗劲教授的指导，在此对他们表示深深的感谢。科学出版社的周园编辑为本书的出版付出了辛勤的劳动，在此也表示衷心的感谢。此外，本成果受到中国人民大学"统筹支持一流大学和一流学科建设"经费的支持。

需要说明的是本书中研究一的部分数据在 S. Han 和 E. Popper 编著的书 *Culture and Neural Frames of Cognition and Communication*（2011）中有介绍；研究三的数据已经发表在 2004 年 *Human Brain Mapping* 上，文章题目为 "Aha! Effects in a Guessing Riddle Task: An ERP Study"，在本书中我们从结果评价的角度对数据重新进行了解释。此外，我们在本书附录中介绍了一项关于学龄前儿童结果反馈评价的脑机制的研究，该研究也已发表在 2011 年的 *PLoS One* 上，文章题目为"Brain Activity Elicited by Positive and Negative Feedback in Preschool-Aged Children"。

本书完稿之后虽然经过反复校阅，但可能还有未能发现的疏漏、不当或错误，敬请读者及同行专家不吝指正。

买晓琴

2016 年 8 月

目　　录

第一章 文献综述

认知系统的一个核心功能是对自身或他人的行为所导致的结果或外界反馈进行快速评价，从而采取相应的对策改善我们的行为，这一过程就是结果评价（outcome evaluation）（Binner，1975）。我们在日常生活中总是直接、自动并且几乎是不由自主地评价着我们遇到的任何事物，尤其是我们对于自己的行为所导致的结果评价更能影响我们以后的行为，并且由此而产生一种朝向评价为好（喜欢）的东西或离开评价为坏（不喜欢）的东西的感受倾向。评价过程的一个重要功能就是确定正在进行的事件的情感意义或动机意义，并且通过这些机制对我们自身的行为所导致的结果或我们在环境中遇到的刺激的价值提供快速的判断（Yeung and Sanfey，2004）。

Arnold（1950）认为评价补充着知觉并产生去做某种事情的倾向。整个评价的复杂过程几乎是在瞬间发生的。Lazarus（1968）进一步把 Arnold 的评价扩展为评价、再评价过程；这一过程包括筛选信息、评价及应付冲动、交替活动、生理反应的反馈、对活动后果的知觉等成分。他认为对个人所处情境的评价也包括对可能采取什么行动的评价。

近年来人们对于结果反馈评价，尤其是有奖惩结果评价的神经机制研究兴趣逐渐增加。在下文中我们将主要介绍近年来这方面的研究情况，主要是与事件相关电位（event-related potential，ERP）和功能磁共振成像（functional magnetic resonance imaging，fMRI）相关的研究。

第一节 结果评价的 ERP 研究

通过记录人类被试的脑电（electroencephalogram，EEG）活动，分析 ERP 相关的认知成分是现如今认知神经科学发展的主要方向之一。ERP 的高时间分辨率特性对于研究结果评价的时间特性提供了很好的方法，因此对于结果评价的神经机制的研究提供了重要的技术。过往的研究已经确定了两个与这种快速评价功能相关的 ERP 成分——反馈相关负波（feedback-related negativity，FRN）和 P300（Sutton et al.，1978；Johnston，1979；Gehring and Willoughby，2002；Holroyd and Coles，2002；Yeung and Sanfey，2004）。本节将介绍结果评价的 ERP 研究范式以及两个与结果评价有关的 ERP 成分。

1 结果评价的研究范式

1.1 简单赌博任务

简单赌博任务是研究结果评价比较常用的实验范式，这一任务让被试在电脑上进行类似赌博的游戏。例如在 Gehring 和 Willoughby（2002）的研究中，被试首先看到两个方块，每一个方块中都有一个数字 5 或 25，代表 5 美分或 25 美分。被试通过按键选择其中的一个方块（选择反应）。做出选择后，每一个方块变成红色或绿色（结果）。如果所选择的方块变成绿色，那么与选择的数字相应数量的钱被加到被试总的报酬中；如果选择的方块变成红色，那么将从被试总的报酬中减去相应数量的钱。简单赌博任务的另一种形式是猜测任务，它要求被试对屏幕上的四张不同花色的扑克牌进行按键选择，猜测哪张扑克牌接下来会保留在屏幕上。如果被试猜测正确则会赢钱，否则会输钱（Ruchsow et al.，2002）。

1.2 简单学习任务

结果评价研究领域里的简单学习任务都是与奖赏相关的，要求被试在任务中学会相应的反应。例如在 Frank 等（2005）的研究中，被试进行一个概率选择的任务，在两个刺激中进行选择。被试选择后，将会在屏幕上看到自己的选择是否正确的反馈，两个刺激的正误概率是一定的但互不相同。两个刺激中其中一个正确率高、另一个正确率低，即被试选择两个刺激得到正性反馈的概率有高低之分，被试需要在任务中学会选择正确概率较高的刺激。

1.3 时间估计任务

时间估计任务是首先给被试一个声音的提示表示计时开始，然后让被试来估计一秒钟的时间，如果感觉到了一秒钟就按键停止计时，随后呈现反馈刺激告诉被试前面对时间的估计是否正确。一般被试估计的时间在一个时间段内都算正确，并且正确的标准会根据被试前面试次的表现进行实时的调整（Mars et al.，2004）。

1.4 互动情境任务

互动情境任务一般涉及一些复杂认知任务。例如在简单任务的基础上加入多名被试，让被试在多人互动情境下对任务进行反应。如 Yu 和 Zhou（2006）设计了一个旁观者观察执行者完成任务的情境，在此情景下记录旁观者和执行者的脑活动。该研究第一次在多人互动的实验室情境下对结果评价的神经机制进行了探索。

在以上所介绍的这些实验范式中，结果反馈常常是钱的输赢或行为的对错，比如在 Gehring 和 Willoughby（2002）的赌博任务中，结果反馈是以红色或绿色的方块所代表的输赢；在时间估计任务中，结果反馈是对一秒的估计是否正确。研究者们通过分析结果反馈刺激诱发的 ERP 波，对结果评价的神经机制进行研究。

2 反馈相关负波（feedback-related negativity，FRN）

反馈相关负波 FRN 由 Miltner 等（1997）首次报道，是结果反馈刺激引发的一个负性走向的 ERP 成分，这个成分发生在反馈出现后的 200～300 ms，波峰出现在反馈出现后 250 ms 左右，波幅最大位于内侧额叶头皮电极位置，因此也被叫做内侧额叶负波（medial frontal negativity，MFN）。负性结果（比如反应错误或钱的损失）比正性结果诱发的 FRN 波幅更大，源定位分析显示 FRN 的发生源可能位于前扣带回（anterior cingulated cortex，ACC）（图 1-1）。其他的 fMRI 研究和单细胞记录研究也进一步支持了这种观点（Miltner et al.，1997；Gehring and Willoughby，2002；Ruchsow et al.，2002；Luu et al.，2003）。FRN 的波幅不仅受到结果效价、结果大小以及被试是否预期到结果的影响，还受到一系列社会性因素的影响，并且与人们的行为调整相关。以下我们将介绍这些影响 FRN 的因素以及研究者们提出的一些解释 FRN 的理论。

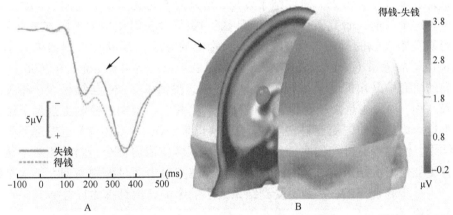

图 1-1　赌博任务中结果反馈引发的 ERP 波形，头皮电压分布图和 FRN 的神经发生源

A 图中显示的是 Fz 电极点（额部）的波形。实线代表的是被试失钱时的结果刺激引发的 ERP 总平均波；点线代表的是被试得钱时的结果刺激引发的 ERP 波。箭头所指的是 FRN。B 图得钱的 ERP 波减去失钱的 ERP 波所得到的差异波在结果刺激出现后 265 ms 时的头皮电压活动图。更正的值对应于更大的 FRN 效应。箭头所指的就是 FRN 在 Fz 电极的主要活动。偶极子定位分析显示 FRN 的发生源位于 ACC，由中心在 ACC 的一个球体表示。（Gehring and Willoughby，2002）

2.1　FRN 与结果效价

研究 FRN 与效价关系的研究结果都较为一致。Gehring 和 Willoughby（2002）采用简单赌博任务，发现输钱比赢钱能引发更为负向的 FRN，说明 FRN 对负性反馈更加敏感，而对正性反馈较为不敏感。Yeung 和 Sanfey（2004）也发现了相似的结果，他们让被试进行选择卡片的金钱任务，发现输钱比赢钱引发了更大波幅的 FRN。但是，后来的研究者却发现真正影响 FRN 波幅的是相对效价，这又被称作背景依赖性。Hajcak 等（2005）的研究发现，同样的一个反馈刺激在不同条件下会受到人们不同方式的评价。Hajcak 等（2006）的研究加入了中性反馈刺

激，却发现中性反馈刺激和负性反馈刺激产生一样波幅的 FRN。在这个实验中，被试对结果的评价为满意与不满意，事实上就是一种背景依赖性的判断。他们进一步指出，结果与预期相比的相对效价与 FRN 波幅直接相关，比预期差的结果会产生更大波幅的 FRN，而比预期好的结果则会使 FRN 波幅减小（Hajcak et al. ,2007）。

2.2 FRN 与结果大小

与结果效价相比，研究者们对于结果大小对 FRN 的影响的关注要少很多，并且已有的相关研究结果并不明朗。Yeung 和 Sanfey（2004）的研究虽然发现了 FRN 受到结果效价的影响，却没有发现结果大小引发的 FRN 波幅的不同。但是 Wu 和 Zhou（2009）却发现小结果能产生更大波幅的 FRN。他们使用简单赌博任务，结果的大小分别为 5 和 25，研究结果发现，结果为 5 时会引发更负向的 FRN。他们认为这个与前人研究不一致的发现可能与数据分析时使用的不同方法有关，之前研究中波幅的测量采用的是基线到峰值的方法，都没有得到结果大小与 FRN 波幅的关系（Yeung and Sanfey 2004；Toyomaki and Murohashi 2005），而他们的研究中采用的是平均波幅的测量方法，得到了 FRN 与结果大小相关的结果。另一种可能是由于在他们的研究中对奖赏大小预期的控制更强调了结果大小这个维度，使之更容易在 FRN 中反映出来。Gu 等（2011）也发现了类似的结果，他们指出可能的原因是在任务中被试希望取得高分，因此相对小结果而言更加偏好大结果。未来的研究可以考虑在实验中通过控制强调大小这个维度，进一步验证 FRN 是否会受到结果大小的影响，继续探索以往研究中不一致的结论。

2.3 FRN 与预期

与结果评价相关的很多研究都将反馈刺激与被试的预期联系起来。Holroyd 和 Coles（2002）的研究将结果与预期进行比较，发现比预期差的结果诱发了更负的 FRN，而比预期好的结果诱发了相对正向的 FRN。后来的研究中，研究者设置了奖赏组与非奖赏组，发现奖赏组的负性反馈引发波幅更大的 FRN，这是由于奖赏组的被试有较高的预期（Holroyd et al., 2003）。Gu 等（2011）的结果与此类似，因为被试希望在任务中取得高分，因此较小的结果相对预期差，从而引发更大波幅的 FRN。但在 Nieuwenhuis 等（2005）的一项研究中，他们发现不论结果是否被预期，输钱都会诱发 FRN。对此，他们并没有给出明确的解释，只是在讨论中提及这个结果或许与不同效价的结果出现的频率有关，认为含较少不好结果的实验设计会更容易检测到 FRN 成分。我们认为这可能是由于在相对预期的正性结果较多的情况下，偶尔的负性结果会诱发更大的 FRN。总之，对于 FRN 是否受被试预期的影响还需要进一步研究。

2.4 FRN 与行为调整

少数研究尝试将 FRN 波幅与被试行为上的调整联系起来。Frank 等（2005）的研究发现，被试由正负反馈刺激产生不同的 FRN，与其对避免负性反馈、获得正性反馈的学习有关。这是因为结果评价这一过程的目的正是为了对行为进行适当调整，因此不同的波幅反映了不同的结果评价过程，自然指向不同的行为。在赌博任务中对两个方块进行选择时，如果被试这次所选块的结果是输钱，那么下次被试更倾向于选择另外一个方块，也说明了结果反馈对于被试行为的影响（Liu & Gehring，2009）。我们的研究发现甚至 4～5 岁的儿童也会根据结果反馈进行行为调整（Mai et al.，2011）（见附录）。

2.5 FRN 与社会性因素

人是社会动物，我们的认知和情感活动都无时无刻不受到其他人的影响，结果评价作为人与环境交互过程中的基本能力之一自然也不例外。近年来研究者们对于社会情境下结果评价脑机制的研究兴趣也在日益增加。研究发现大脑不仅对自己行为的结果反馈有反应，对别人的行为结果也有反应。例如，Yu 和 Zhou（2006）考察了执行任务与观察任务下 FRN 的状况。执行任务下，被试需要进行决策并承担相应的金钱奖惩；观察任务下，被试无需进行任何操作，只对他人的决策与奖惩反馈进行观察。结果显示，执行任务和观察任务都能够诱发被试的 FRN，说明人们在对自己与对他人行为的结果评价中存在类似的神经机制。但是，与执行任务相比，观察任务所诱发的 FRN 波幅较小，这可能与被试的自我认知有关，执行任务涉及了更多与自我有关的认知活动（Yu and Zhou，2006）。Segalowitz 等（2010）进一步将观察任务的对象区分为朋友与陌生人两组。研究发现，与观察对象为陌生人的被试相比，观察对象为朋友的被试产生了更大波幅的 FRN，这可能是因为观察朋友涉及更多和自己有关的认知活动。

除了考虑个体是否为任务的执行者外，一些研究者还考察了执行者与观察者的利益关系。Itagaki 和 Katayama（2008）的研究将执行者与观察者的关系划分为合作与竞争两种模式。结果显示，合作条件下他人输钱与竞争条件下他人赢钱都诱发了更大的 FRN，这是由于合作条件下他人输钱对个体本身意味着输钱的负性惩罚，而竞争条件下他人赢钱对个体而言也是相对的负性惩罚，个体相对于他人的收益减少是一种输钱的负性反馈刺激。Marco-Pallarés 等（2010）进一步完善了 Itagaki 和 Katayama（2008）的研究，将观察者与执行者的奖惩关系分为不相关、完全正相关以及完全负相关三种，并且同时记录了观察者与执行者的脑电活动。该研究发现，当二者奖惩不相关或完全正相关时，观察者与执行者产生了相似的 FRN；而当二者奖惩完全负相关时，执行者赢钱意味着观察者输钱，从而也诱发了 FRN。该结果与 Itagaki 和 Katayama（2008）的研究结果一致，也能说明 FRN

的诱发并不取决于反馈刺激的绝对效价，而是考虑背景依赖性，取决于相对效价，这与 Holroyd（2004）采用简单任务的结果也相吻合。

另一批研究关注执行者与观察者的亲密关系。在利益关系研究的基础上，王益文等（2011）进一步研究了竞争条件下执行者与观察者为朋友和陌生人时的情形，发现和朋友竞争所诱发的 FRN 波幅大于和陌生人竞争所诱发的 FRN。他们由此推测竞争情境下的 FRN 可以反映由竞争所引起的个体的认知冲突，和朋友竞争一方面要追求自己的利益，另一方面要顾及二人的亲密关系，因此引发更大的认知冲突。这个结果与 Kang 等（2010）的研究类似，该研究发现观察朋友进行颜色命名的 Stroop 任务时诱发的 FRN 比观察陌生人时更大，他们认为与陌生人相比，朋友更容易被归入自我概念中，其行为结果的反馈对个体调整自己随后的行为有更加重要的意义。

近年来我国还有一些研究创新性地考虑了人际关系中的结果评价。Li 等（2010）考察了结果评价中的责任感。他们采用赌博任务研究了责任分散对结果评价的影响，设计了高责任感与低责任感两种任务情境。结果显示，在高责任感条件下诱发的 FRN 波幅较大，此时被试感到自己对输钱更有责任而对赢钱更有贡献。这个结果说明 FRN 能够反映社会情境下人们对责任感的加工。这个结果与张慧君等（2009）的研究结果一致，其在三人赌博任务中，将责任感划分为三个水平，分别是负全责、负一半责任与负 1/3 责任。实验发现，在负全责条件下 FRN 波幅明显大于其他两种条件，即高责任感会诱发较大波幅的 FRN。吴燕和罗跃嘉（2011）采用信任博弈游戏考察利他惩罚的结果评价，实验结果发现被试在观察惩罚结果或不惩罚结果时都会产生 FRN。其中，"惩罚-他人输钱"和"惩罚-自己输钱"时都引发了明显的 FRN，说明被试将利他惩罚知觉为负性结果。但是，与惩罚结果相比，负性程度更强的不惩罚结果所引发的 FRN 波幅更大，与 FRN 对与负性结果幅度的正相关结果相吻合。

总体来看，研究者们主要从被试在实验中的角色以及人际关系对影响 FRN 的社会性因素进行了考察。有关研究涉及自我认知等复杂的认知活动，关注点主要集中在任务的执行者上。未来的研究可以考虑从社会比较角度切入，探索个体在社会环境中是如何受到他人影响，从而以相同或不同的方式评估自己的行为。

2.6 FRN 的认知神经机制

2.6.1 冲突监控理论

冲突监控理论（Botvinick et al.，2001）认为，大脑监控系统首先对一个特定领域的信息加工过程状况进行简单的评估，评价当前任务的冲突水平，然后将冲突信息传递到其他负责控制的脑区，由他们指导具体的行为调控反应。这里的冲突指任务可能要求被试克服两种加工的互相干扰，如 Stroop 颜色命名任务；或是出现在被试出现反应错误的情形下，如学习任务中未能正确反应。ACC 检测不同脑区之间的串扰和冲突，发现冲突的时候就会发出信号，对竞争反应间的冲突尤其敏感。Botvinick（2007）进一步说明了冲突监控与决策的关系，将 ACC 监控信息加工过程中的冲突和监控行为结果这两个功能相结合，分别站在两个角度对 ACC 功能进行了探讨。这一理论指出，冲突在此过程中作为一个驱使回避学习的指导信号，指导人们从做出有偏差的决策转向正确而有效的认知方法。在此机制中，错误反应表征与正确反应表征的冲突由 FRN 反映。

2.6.2 强化学习理论

强化学习理论（Nieuwenhuis et al.，2004）是目前对 FRN 最有影响力的解释，它认为 FRN 由中脑多巴胺系统产生，而中脑多巴胺系统参与奖赏预期和强化学习。一方面，基底神经节参与当前事件的评估与预测，当基底神经节所做的预测认为当前事件会带来正性结果时，会导致中脑多巴胺系统神经元的活动相位增加，反之所做预测当前事件会带来负性结果时，会导致中脑多巴胺系统神经节活动的相位降低。多巴胺活动相位的变化表明正在进行的事件与预期相比的结果，同时也用于更新其预测，以便该系统能够逐渐从最早的对奖赏和惩罚的预期中进行学习。另一方面，多巴胺信号作为强化学习的信号，也被传到内侧额叶，它会促进行为的适应性调整。多巴胺信号对 ACC 的调节作用决定了 FRN 的波幅：当结果比预期差时，多巴胺相位的降低解除了对 ACC 的抑制，引起更大的 FRN；反之结果比预期好时，多巴胺相位的增加抑制了 ACC，引起更小的 FRN；ACC 使用多巴胺信号改进当前的行为。

2.6.3 情绪动机理论

情绪动机理论（Gehring and Willoughby，2002）认为，FRN 反映了错误检测活动，是对负性反馈引起的情绪动机意义的评价，其目的是使具有动机的行为得以实现。错误是具有明显动机作用的，错误反应会引起一系列生理心理的变化。因此，该理论指出 FRN 波幅大小可能反映了错误本身的意义，同时也指出 ACC 有认知和情绪两个功能。

FRN 与另一个叫做错误负波（error negativity，Ne）或错误相关性负波（error-related negativity，ERN）的 ERP 成分在某些方面有相似性。Ne 是紧跟错误反应之后的一个大的负走向波，首先由 Hohnsbein 等（1989）发现。Gehring 等（1993）在错误相关的加工中观察到相同的现象并将其命名为 ERN。最近的 ERP 研究对这个成分有了更进一步的理解。研究者们已经在许多不同的任务中观察到 ERN/Ne，比如赌博任务（Gehring and Willoughby，2002）、猜测任务（Ruchsow et al.，2002）等。错误反应发生后诱发的 ERN/Ne 在额中央记录点最强，并且许多研究者用单个偶极子模拟 ERN/Ne 的发生源都发现其位于中央前额叶区或 ACC

（Holroyd et al.，1998）。进一步的 fMRI 研究也发现，相对于正确反应，错误反应过程中 ACC 的活动明显增强（Kiehl et al.，2000）。因此，ERN/Ne 被认为是一个反映 ACC 功能的电生理指标（Carter et al.，1998；Falkenstein et al.，2000）。

Miltner 等（1997）提出 FRN 与 ERN 有关，并且认为同一种错误加工机制产生与错误反应相关的 ERN 和与反馈相关的 FRN。虽然 FRN 和 ERN/Ne 具有类似的额中央头皮分布和 ACC 发生源，但是二者之间也有一些不同。ERN/Ne 是一个在快速反应任务中错误反应后约 100 ms 就到达最大峰的 ERP 成分，即紧跟在错误反应之后出现，而 FRN 是发生于反馈信息给出后约 200 ms 的负波。FRN 可能与行为所产生的结果的评价以及行为的动机意义相关联，而不是对犯错本身起反应。

2.6.4 预期违反假说

预期违反假说（Oliveira et al.，2007）认为 ACC 是作为检测违反预期的事件而不是检测错误或比预期差的事件，FRN 反映的是实际反馈与预期不一致，而不是负性的反馈刺激引发的。该理论认为 FRN 是由预期违反引起的，不管是正反馈还是负反馈，只要与预期相反就会引发 FRN。因为被试大多会表现得过度自信，因此违反预期的负性反馈会引发更大的 FRN 波幅。

目前而言，以上四个理论中比较有影响力的是冲突监控理论和强化学习理论。冲突监控理论强调两种加工之间的干扰，强化学习理论能够很好地解释在一系列与奖赏有关的学习任务中 FRN 波幅变化的情况，并且二者都能够为行为调整提供理论支持。情绪动机理论更多地关注负性反馈引起的评价，因此无法将 FRN 与 ERN 有效地区分开来。预期违反假说将解释范围扩展到了正负反馈，但是由于早期研究中并未重视对被试预期的考察，尚未得到足够有力的验证。

3 P300

另一个与结果评价相关的 ERP 成分是 P300。该成分由 Sutton 等（1965）首次发现，为晚成分的第三个正波 P3，最初发现的 P3 是在 300ms 左右出现的正波，所以被命名为 P300。它最大波幅的部位在头皮顶部，对任务相关的小概率事件敏感（Donchin and Coles，1988）。P300 是 ERP 研究中被广泛关注的成分，它的相关心理因素包括注意、记忆等。同时 P300 也是早期结果评价研究关注的成分，一般被认为与认知资源的分配有关。在结果评价研究领域，对 P300 的研究也考察了结果效价、结果大小、社会性因素对其波幅的影响，同时也有一些研究关注它与行为调整的联系。目前有两个解释 P300 在结果评价中作用的理论，我们将在下文一一介绍。

3.1 P300 与结果效价

早期的研究认为表示不正确行为的反馈刺激（负反馈）比正确行为的反馈刺激

（正反馈）引发更大的 P300（MacKay，1984；Squires et al.，1973）；但后来的实验显示，当使反馈发生的概率相等的时候，正负反馈诱发的 P300 波幅相等（Campbell et al.，1979）。进一步的研究发现，当反馈刺激与被试对结果的预测不一致时，P300 波幅显示为最大。所以，当被试认为他们做了一个正确反应时的负反馈，和被试认为他们做了一个错误反应时的正反馈引发最大的 P300（Horst et al.，1980）。

最近 Yeung 和 Sanfey（2004）的实验也观察到了这个现象。他们使用简单赌博任务发现，无论是正性反馈还是负性反馈，所诱发的 P300 的波幅都随着钱数额的增加而增大。因此，他们认为 P300 对于奖赏的大小敏感，而对于奖赏的效价不敏感。但是，后来的一批研究陆续证明了 P300 波幅也受到结果效价的影响，即使不同研究者的结果仍存在一定的分歧。Frank 等（2005）利用奖赏学习任务，发现 P300 对负性反馈更加敏感，即失比得诱发了更大波幅的 P300。然而，更多研究则认为 P300 与 FRN 恰恰相反，对正性反馈更加敏感。比如，Toyomaki 和 Murohashi（2005）的研究得出了得比失能诱发更大波幅 P300 的结论。Bellebaum 和 Daum（2008）也采用奖赏学习任务验证了这个结论，发现 P300 受到结果效价和预期的影响，正性反馈与未被预期到的结果诱发了更大波幅的 P300，但尚不能证明 P300 是否反映的是与预期不一致的正性结果。Wu 和 Zhou（2009）使用金钱赌博任务考察了奖赏的效价和大小以及被试的预期对结果评价中 P300 的影响。研究结果显示，在被试预期到奖赏时，奖赏的效价以及大小都会影响 P300。这个结果与 Bellebaum 和 Daum（2008）的结果有所不同，造成的原因可能是采取了不同的实验范式。Wu 和 Zhou（2009）认为，P300 是一个需要更多注意资源、对后期自上而下的结果评价控制过程敏感的 ERP 成分。

3.2 P300 与结果大小

早期的研究发现 P300 波幅对于奖惩的数量比较敏感，它的波幅随着赢或输的钱的数量的增加而增大（Sutton et al.，1978；Johnston，1979）。虽然 Yeung 和 Sanfey（2004）对于结果效价的结论在随后的数年中逐渐被推翻，但是他们对于结果大小的发现却得到了广泛的验证。在他们的研究中，被试玩一个简单的赌博游戏，要求被试从两个有颜色的卡片中选择一个，这两个卡片与少的或多的钱的输赢有关，这种输赢结果是不可预测的。被试作出选择以后，表示选择项结果的反馈出现，然后呈现他们没有选择的另外一个卡片的结果（未选项的结果）。结果（图 1-2）显示在选择项的结果中，钱多的结果诱发的 P300 比钱少的结果更大，而得失之间的 P300 没有差异；在未选项的结果中，钱多的结果诱发的 P300 比钱少的结果更大，得钱的 P300 比失钱更大，尤其表现在钱多时的得失结果。因此作者认为 P300 对于奖赏的大小敏感，但是对于奖赏的效价（得或失）不敏感，而且 P300 波幅的个体差异与对没有选择的结果的反应的行为调节有关。

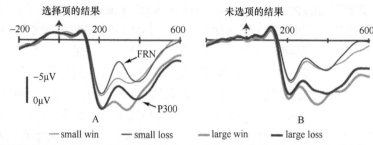

图1-2 赌博任务中被试选择项的结果刺激（A）和未选项的结果刺激（B）引发的 ERP 总平均波。深黑色代表失钱，浅黑色代表得钱；细线代表钱少，粗线代表钱多

后来的一系列研究使用奖赏学习任务或金钱赌博任务都发现更大程度的正性结果会引起更大波幅的 P300（Toyomaki & Murohashi，2005；Wu & Zhou，2009）。甚至 Bellebaum 等（2010）的研究得到如下结果：P300 的波幅不只受到实际奖赏大小的影响，也受到所有可能的潜在奖赏大小的影响。当告诉被试他们在实验中可能赢得的不同总金额（如 5 欧元，20 欧元，50 欧元），即使没有得到奖赏，也能观察到 P300 成分，并且潜在奖赏金额越大，P300 波幅也越大，这与实际奖赏情况下 P300 波幅与奖赏金额大小的关系一致。对于这个发现，研究者用注意资源相关的理论来解释。由于早期 P300 研究主要集中在注意方面，他们指出动机和任务相关刺激需要更多的注意资源，因此更大数额的结果占用更多注意资源，从而引发更大幅度的 P300。

P300 波幅对于钱的多少很敏感。当被试对钱多的结果给予更大的注意时也可能会引起整个 EEG 波幅的增加，所以钱的多少对于 P300 波幅的影响可能反映的是这种与注意有关的加工。但因为在 FRN 波幅上没有观察到类似的现象，所以，钱的多少对于 P300 波幅的影响反映的可能是一种有意义的神经加工过程的变化，在选择和没有选择的情况下钱的多少对 P300 波幅的影响可能说明这个成分反映了对奖赏大小的一种客观的编码加工，而与实际是否获得了这种奖赏无关。

3.3 P300 与行为调整

关注行为调整和 P300 的关系的研究并不太多。Yeung 和 Sanfey（2004）的研究将被试按照每个试次后的行为调整情况分为高低两组，对比他们的脑电波发现，采取更多行为调整的被试产生的 P300 波幅更大。这说明 P300 可能可以反映被试是否采取了行为调整。但是 Frank 等（2005）的研究则并没有发现 P300 与行为调整有相关，却发现 FRN 与之相关。这与之前 Yeung 和 Sanfey（2004）的结果相悖，可能由于 Frank 等（2005）的学习任务只需要被试在负性反馈后作出行为调整，而 FRN 是对负性反馈更为敏感的 ERP 成分。

3.4 P300 与社会性因素

张慧君等（2009）的研究曾考察过责任感对 P300 的影响，发现 P300 对责任感水平也敏感。他们的研究结果表明，承担责任的人数越多，P300 波幅越小，即责任感较弱时所诱发的 P300 波幅更小。Li 等（2010）的责任分散研究也考察了 P300 成分，其结果与张慧君等（2009）的研究相同。他们发现在高责任感情境下，所诱发的 P300 波幅较大；反之低责任感情境下，所诱发的 P300 波幅较小，这说明 P300 也能够反映个人的责任感加工过程。索涛等（2011）将责任归因引入了结果评价的研究。他们将被试区分为内控与外控两组，内控组被试认为自己的成败祸福主要取决于自身因素，外控组被试把行为结果归结为（比如运气等）外部因素。研究发现在完成同样任务的情况下，内控的被试比外控的被试产生了更大波幅的 P300，这可能说明 P300 成分可以反映责任认知。

除了责任感，另一组研究者则将社会比较和社会距离引入了结果评价的研究（Wu, Zhou et al., 2011；Wu et al., 2012）。Wu 等（2011）采用经典的最后通牒游戏考察公平感对结果评价的影响。他们设定了高度不公平和一般不公平的条件，发现越不公平的分配诱发了更大波幅的 P300。在更进一步的研究中，他们在双人金钱任务中加入了新的变量，即被试的结果相对另一位假被试的数额（分为 1：1，1：2 和 2：1 三个水平），来考察社会比较，也得到了类似的结果（Wu et al., 2012）。研究结果表明，当相对金额为 1：1 和 2：1 时，P300 的波幅较大，而 1：2 时 P300 波幅较小。他们对 1：1 条件下的结果解释为人们更加偏好公平结果，而人们的偏好会在有限的注意资源中占用更多比重，从而诱发更大波幅的 P300；这个结果也符合行为经济学领域人们都是风险厌恶者的结论。而对 2：1 和 1：2 两种不公平条件，作者认为人们更偏好对自己有利的不公平，即 2：1 条件，因此这个偏好占用更多注意资源，引起 P300 波幅的增大。

与影响 FRN 的社会性因素研究类似，研究者在研究影响 P300 的社会性因素时也较多地关注了责任感。已有研究已经开始涉足双人任务，但是很少同时记录两位被试的脑活动并进行同步性分析。在社会交互情况下，如果能关注交互双方并进行结果评价的相应研究，将有助于我们更好地理解人们在社会决策中对结果反馈的评价机制。

3.5 P300 的认知神经机制

3.5.1 LC-P3 假说

LC-NE（locus coeruleus-norepinephrine）即蓝核-去甲肾上腺素系统，LC-P3 是目前对 P300 成分解释较为有力的理论。该理论最早由 Pineda 等（1989）提出，他们认为 P300 反映的是 LC-NE 对结果评价过程和决策加工过程的反应，已经有一系列研究证实了这一阶段性功能（Nieuwenhuis et al.，2005）。LC-P3 假说认为任务刺激在皮层的神经反应增强是受到蓝核调节的，而去甲肾上腺素能够增强靶神经元的反应，从而这样的增强导致后续过程中信噪比的增加。该理论的强力证据来自于 NE 靶细胞和 P300 发生源的重叠，该重叠可能包括丘脑、杏仁核与海马。同时，LC-NE 系统的阶段性激活对刺激的很多条件都很敏感，这其中也包括 P300 很敏感的条件——注意资源的分配等。也就是说，被试在任务中受到反馈结果的刺激后，由于蓝核-去甲肾上腺素系统的作用，将会产生 P300。Holroyd（2004）和 Hajcak 等（2005）研究中的源定位结果一定程度地支持了这个假说。

3.5.2　情境更新假说

情境更新假说由 Donchin 和 Coles 在 1988 年提出，该假说认为 P300 反映了个体对与环境背景有关的心理图式的积极巩固或修正，如果刺激所传递的信息与心理图式的某些部分不匹配，图式就得以刷新或修正，对心理图式刷新或修正的程度会通过 P300 的波幅变化表现出来（Donchin & Coles，1988）。这个理论的解释类似于反馈学习，P300 波幅的大小反映的是对不匹配刺激的修正程度，一定程度上与 FRN 的产生原因类似。

在学习任务中，情境更新假说与上述的 LC-P3 假说有一定的相似之处：它们都能解释 P300 对反馈刺激的敏感性，以及带来相应的行为修正。因此，情境更新假说其实并不是与 LC-P3 假说完全对立的，甚至可以认为是对 LC-P3 假说的一个补充，更强调了对行为的刷新与修正，这也正是人们进行结果评价的目的。

3.5.3　情绪加工假说

在情绪研究领域，P300 被认为是一个与情绪加工有关的重要成分，正性和负性情绪均可引起 P300 的变化，但幅度不同。有研究发现，与正性情绪图片相比，负性情绪图片可以诱发更大的 P300（Ito et al.，1998），说明 P300 波幅与刺激的效价有关，可能反映了一种对负性情绪图片的厌恶反应。但也有人有相反的发现，即愉悦刺激比非愉悦刺激诱发了更大的皮层正电位（Michalski，1999）。在没有选择的结果中观察到的 P300 的得失效应可能反映了一种与决策对错有关的高级情绪评价，比如，反映了遗憾或失望（在做出不正确的选择或错误决策时产生的情绪）。

所以，目前对于 P300 在结果评价加工中的意义还不清楚，可能多个评价加工都与 P300 的产生有关。神经成像研究已经发现许多脑区与奖赏的多少有关，包括眶额皮层、杏仁核、腹侧纹状体以及 ACC（Elliott et al.，2000；Knutson et al.，2000；Breiter et al.，2001；Delgado et al.，2003）。很可能这些皮层区的共同激活导致 ERP 研究中观察到的反映多少效应的 P300 成分。

第二节 结果评价的 fMRI 研究

在过去的几年中，结果评价的 fMRI 研究取得了很大进展，但这些研究主要集中于对人脑奖赏加工的研究，因此我们对结果评价的 fMRI 研究的介绍也主要是对奖赏加工的 fMRI 研究的介绍。奖赏刺激可以激活的神经结构包括眶额皮层（orbitofrontal cortex，OFC）、杏仁核（amygdala）、腹侧纹状体/伏隔核（ventral striatum/nucleus accumbens，NAcc）以及近年来在许多研究中观察到的前额叶皮层（prefrontal cortex，PFC）和 ACC（McClure et al.，2004）。

就神经连接而言，OFC 处于一个与奖赏加工有关的独特位置。它接受来自初级味觉和嗅觉皮层及更高级的视觉和体感区的直接输入（Elliott，2000；Rolls，2000）。因此，OFC 是一个储存感觉刺激的奖赏价值的理想位置。事实上，对老鼠的研究发现 OFC 神经元优先对不同的味道反应（Rolls，2000）。而且，味觉刺激激活 OFC 神经元的程度与刺激的奖赏价值相关（也就是，它在过饱的情况下活动显著降低）。在短尾猿的实验中观察到了类似的发现，而且还观察到所诱发的神经活动幅度意味着与其他可得到的奖赏相比的刺激的相对奖赏价值（Tremblay and Schultz，1999）。

在人类，对 OFC 的功能理解来自于菲尼亚斯·盖奇（Phineas Gage）病例，这位患者的 OFC 和部分前额叶皮层受到实质性的损伤。由于他的受伤，盖奇开始在社会生活中表现不适当的行为，并且在商业工作中容易做出错误的判断（Damasio，1994）。近年来对更特定的 OFC 损伤患者的研究表明，虽然患者能够准确评估行为的相对价值，但是他们不能根据这些信息做出适当的行动（Bechara et al.，1994；Rolls et al.，1994）。例如，在简单的决策任务中当奖赏的价值变化以后，OFC 损伤患者不能控制错误的反应，即使他们知道正确的反应是什么。

fMRI 研究已经显示 OFC 在那些要求接近行为和反应抑制的条件下有反应。OFC 激活的部位不同，如受奖赏的行为（接近）倾向于激活更中间的区域，而受惩罚的行为（反应抑制）倾向于激活更外侧的区域（Elliott et al.，2000）。最近的研究对这种简单的中间-外侧差异提出了挑战（O'Doherty et al.，2003a）。然而，虽然我们仍然不清楚 OFC 的不同区域怎么与强化刺激的效价和行为相关，但是比较确定的是 OFC 在感觉刺激和奖赏价值之间起重要作用（Montague and Berns，2002）。而且，这种作用似乎对于产生适当的奖赏导向行为反应至关重要。

我们对于杏仁核的认识来自于它与负性情绪和恐惧的关系。损伤猴子的杏仁核可以导致好斗行为和缺乏恐惧反应（Weiskrantz，1956）。fMRI 研究已经证实杏仁核的活动与对厌恶性刺激的感知有关。例如，恐惧或愤怒表情的面孔容易激活杏仁核（Calder et al.，2001）。然而，现在在对于杏仁核只对厌恶性刺激有反应产生了疑问（Baxter and Murray，2002），部分是来自于 fMRI 的研究证据。尤其是曾经一贯发现愉快、正性的强化刺激也能激活杏仁核（Hamann and Mao，2002；

Anderson et al.，2003；Small et al.，2003）。此外，当直接比较杏仁核对正性刺激和厌恶性刺激的反应时，杏仁核似乎只与刺激的唤醒度有关（Anderson et al.，2003；Small et al.，2003）。在 Anderson 等（2003）的研究中，将不同浓度的令人愉快和令人不愉快的刺激呈现给被试，结果发现左右杏仁核的反应与气味浓度有关，而与气味效价（令人愉快或不愉快）无关。所以杏仁核可能与刺激的强度有关，而与刺激的效价（正负性）关系不大。这项研究及其他研究促使我们重新解释以前的将杏仁核严格地与负性刺激或厌恶性刺激联系起来的发现。更早的似乎将杏仁核与负性情绪确定地联系起来的发现已经被重新解释为厌恶性刺激一般比正性刺激更加突出（Anderson et al.，2003）。因此，杏仁核似乎与厌恶性事件更有关系的事实意味着与正性刺激相比，负性刺激具有更强的行为相关性。

腹侧纹状体在有关奖赏加工的研究中受到了最多的注意，这是因为它与奖赏和中脑多巴胺系统的联系。动物研究已经发现电刺激腹侧纹状体或对腹侧纹状体使用多巴胺受体激动药可以构成很强的奖赏（Ikemoto and Panksepp，1999）。一种药物的给予可以增强纹状体多巴胺释放的证据被认为是药物蛋白成瘾的证据（Koob and Bloom，1988）。同样，奖赏的 fMRI 研究中普遍观察到的纹状体血氧水平依赖（blood oxygen level dependence，BOLD）信号的变化与奖赏的幅度成比例（Gottfried et al.，2003）。从 BOLD 信号变化的时间特征上来说，BOLD 信号的增强在奖赏的给予（Delgado et al.，2000）和预示奖赏发生的刺激（也就是，表示着奖赏的期望）（Knutson et al.，2001；O'Doherty et al.，2002）之间交替。Berns 等（2001）的研究发现，在可预测（规则的顺序和时间）或不可预测（不规则的顺序和时间）的序列中释放刺激可以调节纹状体对果汁和水的神经反应；与可预测的序列相比，在不可预测的序列中送果汁和水可以在纹状体（伏隔核）引发更强的活动。在纹状体和腹侧前额叶皮层，不可预测的序列中给予的奖赏引发的变化比在可预测序列中给予的相同刺激引发的变化更大。这个发现说明纹状体的活动反映的可能是一种对获得的刺激-奖赏不确定性信号的学习。所有这些发现都可以以这样的假设解释，即纹状体对奖赏预测中的信号错误反应，或者说腹侧纹状体的激活反映的是对金钱奖赏的期望（McClitr et al.，2004）。

最近的研究发现前额叶皮层（尤其是内侧前额叶皮层，mesial prefrontal cortex，MPFC）和 ACC 也在奖赏结果评价加工中起重要作用。Knutson 等（2003）的研究发现，当被试在期望赢 5 美元之后得到了 5 美元时，MPFC 的活动增强；而当被试在期望赢 5 美元之后没有得到 5 美元时，相对于没有期望也没有得钱的结果，MPFC 活动降低。这些发现说明，对于有奖惩结果的加工，MPFC 可能反映的是对好的结果的加工。而 ACC 在结果评价中的作用似乎相反，因为许多研究发现 ACC 在出现不好的结果反馈时激活更强（Monchi et al.，2001；Bush et al.，2002；Delgado et al.，2003；Holroyd et al.，2004）。

第三节 前扣带回的功能

从前面两个部分的文献介绍中我们可以发现，无论是 ERP 的结果评价研究，还是 fMRI 的结果评价研究，在神经活动的定位方面都有一个共同的部分，那就是前扣带回。这说明前扣带回在结果评价过程中发挥着至关重要的作用。因此，对前扣带回这个脑区的功能和相关研究及理论有一定了解对我们进一步理解结果评价的神经基础有着重要意义。在这一部分，我们就对这些方面的文献进行一些介绍。

根据 Broca 的定义，扣带回属于边缘叶。随着更加精确的研究解剖连接方法的出现，现在已经清楚扣带回包括许多专门的部分，这些部分促进一系列的功能，这些功能包括认知、情绪、运动、疼痛和视空间功能（Vogt et al., 1992；Devinsky et al., 1995）。根据细胞构筑和投射模式及功能可以把前扣带回与后扣带回区别开来。前面的部分被认为具有"执行"功能，而后面的部分被认为具有"评价"功能（Vogt et al., 1992）。在 ACC 内，又可以根据细胞构筑和连接对其进行进一步的划分（图 1-3）。

1 前扣带回认知功能和情绪功能的分离

关于 ACC 功能的一个重要观点是认知信息和情绪信息的加工是分离的。它的两个主要部分——背侧认知部分（dorsal cognitive division）（24b′- c′区和 32′区）和喙腹侧情感部分（rostral-ventral affective division）（喙部 24a-c 区和 32 区及腹侧 25 区和 33 区）执行着不同功能（图 1-3）。根据来自于细胞构筑、脑损伤和电生理研究会聚的数据，与不同的连接模式知识及脑成像研究结合起来，观察到这两个部分是可以区分的（Vogt et al., 1992；Devinsky et al., 1995）。

功能性神经成像技术包括正电子发射断层扫描（Positron emission tomography，PET）和 fMRI，已经对 ACC 在认知和情绪加工中的作用提供了有价值的认识。认知亚区是分布式注意网络的一部分，它与外侧前额叶皮层（BA 46/9）、顶叶皮层（BA7）及前运动区和辅助运动区（supplementary motor area，SMA）相互连接（Devinsky et al., 1995）。现已将各种功能归于 ACC 的背侧认知亚区，包括通过影响感觉或反应选择（或二者）调节注意或执行功能；监测竞争，复杂运动控制，动机，新奇，错误监测和工作记忆；以及认知任务的预期（Bush et al., 2000）。相反，情感亚区连接到杏仁核、水管周围灰质、伏隔核、下丘脑、前部脑岛、海马和眶额皮层（Devinsky et al., 1995），并且输出到自主系统、内脏运动系统和内分泌系统。ACC 的情感亚区主要参与情绪和动机信息的评价及情绪反应的调节（Vogt et al., 1992；Devinsky et al., 1995；Drevets and Raichle, 1998；Whalen et al., 1998）。

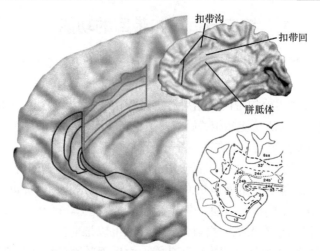

图 1-3 前扣带回（ACC）的结构。图的右上部分是一人脑右半球内侧面的重建 MRI（前面朝向左，后面朝向右）。为了同时看见扣带回和扣带沟，将部分皮层表面膨胀。扣带回位于扣带沟和胼胝体之间。ACC 细胞构筑区的示意性表示显示在放大部分（左）。认知亚区用浅线划出，情感亚区用深线划出。右下部分显示了实际前扣带回皮层区的图式化展开图。每个沟的边界用细的完整黑线表示，而断线和点线一起勾画出扣带区（Bush et al.，2000）

认知任务和情绪任务脑成像研究的元分析强有力地支持 ACC 的认知和情感亚区的这种功能。虽然其研究者进行的认知-运动任务元分析不包括涉及情绪信息加工的研究，但是由这些作者报告的 ACC 激活集中在背侧 ACC 的事实进一步支持认知与情绪的不同（Bush，2000）。

为了直接验证 ACC 的这两个亚区假说，Bush 等（2000）采用 fMRI 研究两个具有不同冲突原因的 Stroop 类似的冲突任务（即一个为认知任务，另一个为情绪任务）。这个实验的认知任务为每组最多四个垂直平铺的单词每隔 1500 ms 出现在屏幕上。要求被试通过按键来报告每组中单词的数目，而不管单词的意思。中性刺激包含单一语义种类的普通动物（如"dog"写 3 次）。冲突刺激包含数字单词，它们与正确反应不一致（如"three"书写 4 次）。相对应地，在情绪计数 Stroop 的冲突部分，情绪效价单词取代数字单词（如"murder"书写 4 次）。此外，用另一套情绪中性单词作比较。

结果显示（图 1-4），计数 Stroop 中的认知任务激活了认知亚区，情绪计数 Stroop 激活了情感亚区。这些结果进一步证实了操纵正在被加工的信息类型可以导致 ACC 中不同区域被选择性激活。从结果可以清楚地看到，认知信息的加工增强了认知亚区的活动，情绪效价信息的加工增强了情绪区的激活。与相互抑制模型一致（Drevets and Raichle，1998；Mayberg et al.，1999），两个任务的认知所需中性部分（也就是，那些涉及单词阅读、单词计数、反应选择及按键反应）都在情感亚区产生 fMRI 信号的降低（与看注视点比较）。

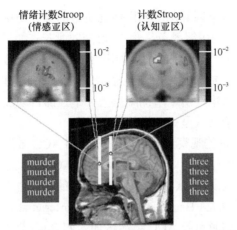

图 1-4　情绪和认知计数 Stroop 调节 ACC 的不同区域。情绪计数 Stroop 激活 ACC 的情感亚区，而认知计数 Stroop 激活 ACC 的认知亚区（Bush et al.，2000）

边缘系统的许多重要部分（如前扣带回情绪亚区、眶额皮层、杏仁核及脑岛皮层）在计数 Stroop 任务的认知所需中性部分时被抑制（或偏向相反）。此外，用 PET 在九个视觉任务的共同血流降低元分析中，Shulman 等（1997）报告在这些相同区域血流降低。这支持观察到的 fMRI 信号的降低是真实的，因为 PET 不受易感性伪迹的影响，这些易感性伪迹可能潜在地干扰脑的 fMRI 测量。在被试完成任务的中性部分时，ACC 情感亚区与"情绪回路"的其他成分一起被抑制，而 ACC 是这些区域中唯一的一个在任务冲突部分显示显著激活的区域，这个事实表明它可能在更复杂刺激（即情绪效价词的评价）的情绪加工中有特殊作用。

2　前扣带回参与的主要认知活动

对于 ACC 在认知中的作用已经采用各种方法进行了实验研究，包括神经心理学技术、单细胞记录及脑成像技术（如 fMRI 和 ERP）。虽然根据 ACC 的功能神经心理学和神经生理学数据产生了一些有影响的理论，但是最近的绝大多数发现和一些最一致的结果来自于脑激活研究。下面我们将主要以这些文献为基础介绍 ACC 参与的主要认知活动，这些研究的结论在许多方面与脑损伤和单细胞记录的研究一致。

虽然脑激活研究报道 ACC 参与非常广泛的任务情景，但是大部分研究可分为三类：①在要求被试克服优势反应的任务中 ACC 激活；②ACC 的激活与要求被试在一系列等同的反应中做出选择的任务有关；③ACC 的激活与导致错误发生的任务有关。下面我们将详细讨论这三组实验。

（1）克服优势反应

大量的研究报道，在要求被试克服相对自动但任务无关反应的作业中，ACC 激活。其中最常见到的研究是采用经典 Stroop 冲突实验范式，在这个范式中，要求被试命名呈现的有色单词颜色。如果单词所指的颜色与单词呈现的颜色不一致时（如"红色"这个单词用绿颜色呈现），反应时延长；如果单词所指的颜色与单词呈现的颜色一致（如"红色"这个单词用红颜色呈现），或刺激由一个无色的单词、一系列有颜色的 X 或只是一个颜色栅构成时，反应时相对较短。通常的解释认为不一致条件下的困难是由于单词阅读为一个强的自动加工，干扰了颜色命名。克服读单词的反应对于被试是一个挑战。

Pardo 等（1990）首先观察到在 Stroop 任务中 ACC 激活。这个采用 PET 的研究发现不一致条件下的作业与一致条件下相比，ACC 活动增加。Carter 等（1995）在类似的比较任务中也发现 ACC 活动增加。其他的研究也报道不一致条件与中性条件比较，ACC 激活更大（Bench et al., 1993；Carter et al., 1995）。在各种 Stroop 任务中也发现不一致刺激引起 ACC 激活增加，如 Bush 等（1998）在一个数字版的任务中观察到 ACC 激活。

其他要求克服优势反应的任务也发现 ACC 的参与。例如，Taylor 等（1994）要求被试在第一种条件下对单个呈现的字母 B、J、Q 和 Y 命名。在第二种条件下，要求被试根据一套简单的规则，以组中一个不同字母的名字反应（例如，如果呈现 J，以 Y 反应）。在第二种任务中，被试为了能够进行由指导语指示的刺激不一致的反应，需要克服读字母的诱惑。与 Stroop 研究一致，在冲突任务中观察到 ACC 激活增加。

Paus 等（1993）也在一系列的研究中用 PET 发现克服优势反应的需要会激活 ACC。在一组实验中，要求被试首先进行与刺激一致的反应，然后进行与刺激不一致的反应。例如，在一个实验中，首先要求被试抬起两个手指中的其中由试验者碰触的一个手指；然后要求被试抬起相反的手指。在另一个实验中，被试首先进行一种扫视，以左侧或右侧视觉线索的方向扫视；然后要求扫视的方向与线索的方向相反。在这两个实验中，要求被试克服一种熟悉（根深蒂固）的反应而进行一种不熟悉反应的任务时，都能观察到 ACC 激活增加。

另一个 ACC 激活与克服优势反应相关的例子是由 Go/No-Go 任务的研究提供的。Casey 等（1997）采用 fMRI，要求被试看一连串的单个呈现的字母，对于每个呈现的字母都按一个键，但是当呈现的字母是 X 时，不用按键。多数刺激是非 X 字母，导致按键反应成为优势。在对照条件，呈现的字母系列不包含 X。在 Go/No-Go 条件下观察到更大的 ACC 激活。正如在其他忽略优势反应的作业中，ACC 的激活与要求被试为了成功作业而克服优势反应的条件相关。

（2）不确定的反应

在这类研究中，要求被试从一组反应中做出选择，而这些反应中任何一个都不比其他的更明显，在这种条件下出现 ACC 激活。因为被试对刺激做出的反应不是唯一相应于呈现的刺激反应，所以我们把这种任务定义为涉及不确定反应的任务。

第一个以这样任务观察脑活动的研究是由 Petersen 等（1988）报道。在一系列的 PET 研究中，要求被试相对于一个看到或听到的名词产生一个动词并确定由刺激命名物体的一个用处。当将这种任务下的脑激活模式与另一种条件（即只要求被试重复或读出呈现的单词）比较，发现 ACC 激活。来自其他实验室的许多研究，包括 fMRI 研究也重复了这个发现（Andreasen et al., 1995；Thompson-Schill et al., 1997；Barch et al., 2000）。

在相关的字母流畅（letter fluency）任务中，要求被试列举出以某个给定字母开头的单词。这个任务也要求被试在许多潜在的反应中自由选择。结果发现，与简单地重复字母-名字线索（Friston et al., 1993）、重复听到的单词（Frith et al., 1991）或进行词语确定任务（Frith et al., 1991）相比，字母流畅激活 ACC。Yetkin 等（1995）运用 fMRI 发现即使被试做出字母流畅反应而没有大声地读出它们，ACC 也被激活。在语义流畅任务中，要求被试命名一个给定类别的成员和在词干补笔任务（另一个涉及不确定反应）中（Buckner et al., 1995）一样，ACC 也被激活。

在不确定反应条件下的 ACC 激活不只限于语言任务。Frith 等（1991）发现当要求被试抬起两个手指中的一个时（随机选择，当其中的一个手指被轻敲），与要求被试抬起被敲的手指这个条件相比，ACC 激活。Deiber 等（1991）比较 PET 激活模式，当要求被试随机在四个方向中的任何一个方向移动操纵杆，与只在一个特定方向重复移动操纵杆的条件相比，发现在自由选择条件下 ACC 相对激活，Playford 等（1992）和 Jeuptner 等（1997）（以按键）重复了这一发现。

（3）错误发生

在第三类研究中，观察到 ACC 的活动与错误发生相关。与前面讨论的运用 PET 和 fMRI 的工作相比，ACC 活动和错误发生之间关系的研究主要来自 ERP 研究。

错误相关性负波（error-related negativity，ERN）是一个独立的事件相关电位（成分），在许多快速反应任务中伴随着错误的发生（Falkenstein et al., 1991）。这个成分是由两个实验室分别在 1989 年和 1990 年发现的（Hohnsbein et al., 1989；Gehring et al., 1990），将反应相关的错误试次平均可以清楚地看到这个成分，通常随着反应相关肌电活动的发生而出现，峰潜伏期为 100～150 ms。

在许多种任务中可以观察到 ERN（也称为 Ne）。Gehring 及其同事（Gehring et al., 1990；1993；1995）运用 Eriksen flanker 和 Sternberg 记忆搜索任务及一种类别判定任务，在这个任务中，要求被试指出是否呈现的两个单词中的一个代表由另一个单词命名类别的一个样本。Dehaene 等（1994）在要求被试以快速按键表示呈现的数字（以阿拉伯数字或单词的形式呈现）比 5 大还是比 5 小的任务中，以及另一个要求被试判断呈现的单词是否指的是动物的任务中也观察到 ERN。在各种设计的 go/no-go 任务中也观察到 ERN 与错误发生相关（Scheffers et al., 1996）。

ERN 的发生源被定位于内侧额叶区。Dahaene 等（1994）通过偶极子定位技术发现 ERN 的源位于 ACC。然而，由于这个技术有限的空间分辨率，不能排除定位于副运动皮层的可能。Carter 等（1998）运用 fMRI 在一个持续作业实验（Continuous Performance Test）中研究错误反应对正确反应相关的活动脑区，在时间和空间位置上证实了 ACC 激活伴随着错误反应。

3 现有关于前扣带回认知功能的理论

在现有的关于 ACC 认知功能的理论解释中，主要存在四种观点：冲突监测、错误监测、任务困难和调节的观点，而从近年的研究来看，冲突监测理论似乎占有更重要的地位，可以更加全面地解释 ACC 在各种认知活动中的作用。下面我们介绍一下这四种理论，并对其他三个理论与冲突监测理论进行一下比较。

（1）冲突监测

近年来对 ACC 认知功能的解释主要是采用冲突监测观点（Botvinick et al.，2001；van Veen and Carter，2002a）。在克服优势反应任务中有 ACC 参与，这个发现对于 ACC 对冲突发生反应的观点提供了证据。在前面提到的每一个克服优势反应任务的研究中，在被试必须克服来自优势的但任务无关反应的干扰条件下观察到最强的 ACC 激活。可以将这些条件理解为涉及导致正确（但是弱的）和错误（但是优势的）反应的加工通道之间的冲突。

正如在克服优势反应任务中一样，在不确定反应中的 ACC 激活与 ACC 参与冲突发生的观点一致。因为不确定反应任务中的每一个刺激与许多规定的反应相关，所以刺激呈现可能导致多个不相容反应通路的平行激活，结果在刺激呈现和做出反应之间的这段时期产生干扰（冲突）。为了支持这个解释，Raichle 等（1994）发现在动词产生任务中，一旦被试几次遇到相同列名词并且他们的反应已经很熟悉了，将不再产生可监测的 ACC 活动。当一列新的名词呈现，再一次将被试置于产生不确定反应条件下，ACC 激活恢复。同样地，在 Deiber 等（1991）的操纵杆移动研究中，在单方向条件和被试根据以前学过的序列或基于方向特异的音调移动操纵杆的条件之间没有观察到 ACC 激活的差异。只有当刺激可能激活多个相互干扰的反应表征通路时，ACC 的活动增加。

起源于 ACC 的 ERN 与错误发生相关，但是错误可能与冲突相关，因为导致正确和不正确反应之间通路的干扰造成冲突。行为数据表明，在快速反应任务中的错误常表明对刺激分析还没有完成时过早地做出反应（Gratton et al.，1988）。正在做出这样冲动错误的时候，对刺激的评判继续进行，导致正确反应的活动（Rabbitt and Vyas，1981）。非常短的错误-正确运动的潜伏期证实了当正在做出一个错误反应时，发生正确通路的激活（Rabbitt and Rodgers，1977；Cooke and Diggles，1984）。因此，错误常与冲突相关似乎是有可能的，这种冲突是导致正确和错误反应的通路共同激活之间的冲突。最近，Gehring 和 Fencsik（1999）的研究对这个想法提供了更加直接的证据。被试在这个研究中进行 flanker 任务，用左手对一个靶反应，而右手对另一个靶反应。用肌电图（electromyogram，EMG）测量每只手做反应的力量。被试非常频繁地出现颠倒错误，EMG 结果非常清楚地表明，当肌电发生时，错误和错误-正确反应之间有典型的时间上的重叠。这个研究进一步支持了冲突观点，即这个短暂的反应冲突对于 ERN 的产生是一个关键因素。EEG 数据表明 ERN 与重叠在错误项目上的反应时期一致。

许多其他研究也证实了反应冲突和 ERN 之间的联系。首先，与较小的 ERN 波幅相关的错误试次相比，最大的 ERN 波幅相关的错误试次涉及更频繁的反应颠倒（Gehring et al.，1993）。因此，最大的 ERN 与错误试次相关，说明延迟的正确反应激活。其次，如果正确反应随后被颠倒，即使与正确反应有关，ERN 也出现（Gehring et al.，1993）。次外，在一项研究中，要求被试在刺激呈现后 2s 才做出反应，没有观察到与错误相关的 ERN（Dahaene et al.，1994）。可能因为由于这样的延迟，加工通路之间的任何瞬间的竞争由做出反应的时间解决了。因此，在 Dahaene 等研究中的错误反应可能不伴随这种干扰，我们将 ERN 归因于这种干扰。

其他的 ACC 激活研究（这种研究不属于我们上面提到的三类中的任何一种）也认为冲突在其中起作用的事实进一步加强了冲突和 ACC 之间的紧密联系。例如，D'Esposito 等（1995）用 fMRI 比较两种简单任务单独进行和同时进行时 ACC 的激活情况，在第二种情况下观察到更大的 ACC 激活。基于早期关于双重任务作业中干扰作用的讨论，可以将这个研究中观察到的 ACC 活动解释为一种冲突反应。

在另一个分散注意研究中，Corbetta 等（1991）用 PET 测量脑活动，让被试观察呈现的刺激在颜色、形状和运动方向方面的微弱变化。在集中注意条件下，被试只观察这些维度中的一个。在分散注意条件下，被试搜索三个维度中的任何一方面的变化。更大的 ACC 激活与分散注意条件相关。被试在这种条件下犯了更多的错误，因此将这个研究中的 ACC 激活归因于错误是可能的。然而，另一个有趣的（并且非常相关的）可能是不同刺激维度的平行判断引导一些项目产生支持"相同"反应和支持"不同"反应之间通路的干扰。虽然报告的数据没有对这种可能性做出明确的评价，但是它与报道的在分散注意条件下遗漏（错误的"相同"判断）的频率更高一致。

（2）错误监测

对 ACC 功能的一种解释来自于有关 ERN 的研究。正如在前面讨论的，ERN 被认为有一个中间额部的发生源，一般认为位于 ACC。一些关于 ERN 的研究解释它反映一种错误监测机制（Falkenstein et al.，1991；Gehring et al.，1993；Coles et al.，1995）。曾经认为 ERN 反映一种比较过程的结果，通过这个过程对实际产生的反应与表示的正确反应之间进行比较（Coles et al.，1995）。

由比较假说引起的一个问题是正巧在犯错误的时候，系统怎么获得正确反应的表征。一个解释可能是这个表征由伴随着过早激活的错误反应发生的正确反应本身的激活直接提供。如果以这种方式理解竞争理论，那么可以认为它与冲突监测观点有十分密切的关系。在这种解释下，这些提议之间仍然存在差异，尽管我们假设在共同激活的反应之间有一个明显的比较，但是有人认为这种共同激活本身足够在 ACC 触发反应。这种差异是重要的，因为在这种条件下（如克服优势反应）只能用冲突监测理论解释 ACC 的激活而不是错误执行。

有人认为 FRN 也与 ERN 有关，甚至也将 FRN 称为反馈 ERN，并且提出可能同一种错误加工机制产生与错误反应相关的 ERN 和与反馈相关的 ERN（Miltner, Braun et al., 1997; Holroyd and Cole, 2002）。然而，仔细考虑 Miltner 等（1997）的发现为我们解释 ERN 在缺少外部反馈犯错误时发生的意义是重要的。在其他条件下 ACC 激活的独立性，需要理论来解释当正在犯错误时，ACC 怎样能够在线监测错误。目前，对于错误监测怎样发生有两个解释，竞争理论和冲突监测理论，后者对现有的数据似乎提供了一个更加全面的解释。因此，冲突监测理论对 ERN 相关的现象提供了一个更加合理的解释，它也可以很好地解释在不涉及错误的条件下 ACC 的激活。

（3）任务困难

另一个对 ACC 激活的解释是它反映一种对任务困难的反应（Paus et al., 1998）。这个观点和冲突监测理论之间的主要差异在于冲突监测理论的特异性。任务困难本身的概念是相当含糊不清的。虽然 Paus 等（1998）对困难进行了操作性定义，以相对长的反应时和高错误率的出现确定它，但是 ACC 激活没有表现出对这些特征中任何一个的特异反应。既然对于一些正确的反应这个脑区也激活，因此不能把它看成一个对错误的特异反应。也不能把它看成对长反应时的一个特异反应，因为这个脑区在错误时确实激活，而此时倾向于相对短的反应时。因此，困难假说对于什么是导致 ACC 激活的困难任务留下了疑问。冲突监测理论对这个问题提供了一个更加准确的答案。因而，这个理论也能对数据提供一个更加详细的解释。例如，冲突监测理论解释了为什么刚好在错误后发生 ACC 激活。单单是任务困难不能解释这种现象，因为在什么意义上错误事件比其他事件更困难还不清楚。此外，冲突监测理论做出了许多预测，这些预测明显不能从困难解释得出。例如，就像前面描述的，基于冲突监测理论我们可以预测当被试碰巧选择一个与提示名词有微弱关系的动词比选择一个有强烈关系的动词时 ACC 激活将更大，这个推测已经用 fMRI 证实了（Barch et al., 2000）。而我们很难用基于任务困难的观点预测这个结果。

（4）调节观点

以前的工作常将 ACC 与我们称作控制的调节成分联系在一起（Vogt et al., 1992; D'Esposito et al., 1995）。例如，Posner 和 Dahaene（1994）曾经认为 ACC 是参与注意恢复并控制进行复杂认知任务的脑区，Pardo 等（1990）描述 ACC 为以一些先前存在的、内在的、有意识的计划为基础，在加工过程之间选择。其他一些持类似观点的研究者认为 ACC 的作用和 Baddeley 的中央执行或 Norman &

Shallice 的注意模式中的监控注意系统（supervisory attentional system，SAS）
（Posner and Rothbart，1998）一致。虽然冲突概念被这些研究者调用，但在每种
情况下 ACC 又被看作具有一种调节作用，强调冲突决定而不是冲突监测。

调节观点的一个缺点是它不能解释 ACC 的作用与错误的关系。相反，冲突监
测假说对这种作用提供了一个详细的解释，也指出了它怎么与错误无关的 ACC
激活相关。

用调节观点解释 ACC 作用产生的更进一步的困难是由 Botvinick 等（1999）
和 Carter 等（2000）报告的 fMRI 数据引起的。正如前面描述的，这两个研究考
察的任务中，控制的强度从刺激到刺激变化，比较高控制事件和低控制事件之间
的 ACC 激活情况。与调节观点矛盾的是在两个研究中都发现对那些控制最弱的刺
激 ACC 有更大的激活。这个数据更适合用冲突监测观点来解释；在这两个研究中，
在具有高冲突的刺激中观察到更大的 ACC 激活。因此，冲突监测理论似乎可以更
加合理地解释现有的数据。

第四节 前扣带回在结果评价中的作用

由前面的介绍我们可以看出 ACC 参与多种认知活动，它在结果评价过程中的
作用也是近年来的研究热点。源定位分析一致确定 ACC 很可能是 FRN 的发生源
（Miltner et al.，1997；Gehring and Willoughby，2002；Ruchsow et al.，2002；Luu
et al.，2003）。FRN 位于 ACC 的观点也得到了其他研究的更进一步支持。首先，
fMRI 研究已经发现反馈相关的活动位于 ACC 背侧尾部的证据（Delgado et al.，
2000；Knutson et al.，2000），这个部位在不好的结果反馈激活更强（Monchi et al.，
2001；Bush et al.，2002；Delgado et al.，2003；Holroyd et al.，2004）。此外，在
灵长类动物的单细胞记录研究也显示 ACC 的细胞在负性结果（如期望的奖赏没有
出现）出现时的活动增强（Niki and Watanabe，1979；Shima and Tanji，1998；Ito
et al.，2003）。就解剖位置来说，ACC 的背尾区与其他参与奖赏加工和决策的神
经系统连接，这些神经系统包括中脑多巴胺系统和眶额皮层（Morecraft and van
Hoesen，1998）。最后，有研究报到前扣带沟中锥体细胞的方向能产生一个像反馈
相关负波的负性额中央成分，而邻近的扣带回和辅助运动区的皮层细胞的朝向与
头皮成切线，因此可能不会产生相应的头皮电位（Holroyd and Coles，2002）。

因此，这些证据一致表明 ACC 的背尾区在反馈和奖赏加工中起着重要作用。
这个区与其他如前 SMA 和背外侧前额叶皮层区有着很强的解剖（Devinsky et al.，
1995）和功能（Koski and Paus，2000）连接，说明它在高级运动控制和行为选择
中的作用。与这个观点一致的是，ACC 被认为具有许多重要的认知功能，包括错
误监测（Miltner et al.，1997）、反应冲突监测（Carter et al.，1998；Botvinick et al.，
2001；Yeung et al.，2004）、奖赏价值和动机意义的评价（Gehring and Willoughby，

2002）以及反应选择和对于行为的选择（Paus et al., 1993；Holroyd and Coles, 2002）。

所以，探索 FRN 的功能特性可以对 ACC 的功能作用提供重要的证据。尤其是 ERP 的高时间分辨率对于研究这一脑区活动时的时间特性提供重要方法，对于 fMRI 方法提供的精确的空间信息是一个补充。在这方面，以前的 ERP 研究结果的一个重要意义是 ACC 的活动可能反映了一种非常快速的对结果反馈刺激的评价，因为以前的研究报道 FRN 在刺激出现后的 250～300 ms 就已经达到最大峰（Gehring and Willoughby, 2002；Nieuwenhuis et al., 2004；Yeung and Sanfey, 2004）。然而，FRN 所传达信息的精确本质仍然是一个争论的焦点。Milter 等（1997）最初提出 FRN 反映了错误加工系统的操作。他们进一步认为 FRN 在功能上类似于错误相关电位 ERN，这个成分出现在没有显性结果反馈的选择反应任务中的错误反应之后（Gehring et al., 1993）。最近在共同的 ACC 区错误相关的和反馈相关的活动支持了这种推测（Holroyd et al., 2004；Luu et al., 2003）。由于与反应相关 ERN 的联系的假设，FRN 有时也被称为反馈 ERN（feedback ERN）。

然而，最近的理论强调反馈的奖赏信号功能，而不是将反馈相关负波与错误监测特定地联系起来。尤其是 Gehring and Willoughby（2002）和 Holroyd and Coles（2002）已经提出了相关的理论，每一个都将 FRN 与正在进行事件的奖赏价值和动机意义加工联系起来。然而，这些理论在提出 ACC 的作用方面不同。根据 Gehring 和 Willoughby（2002）的理论，FEN 直接反映了 ACC 在评价正在进行事件的动机意义中的作用。相反，Holroyd 和 Coles（2002）认为 ACC 是评价信息的接受者，而不是发起者。他们还明确地提出 FRN 由中脑多巴胺系统承载的奖赏相关的信息（更精确地说是关于奖赏预测变化的信息）到达 ACC 产生（Schultz et al., 1997）。根据这个理论，ACC 的作用是利用奖惩信息对新近行为的结果进行学习，并因此而在将来选择更适当的反应。最近 Yeung 等（2004）的研究结果与 Gehring 和 Willoughby 的观点比较一致，认为 FRN 反映的是一种结果事件的动机效果的评价。而且他们观察到的 FRN 与参与实验任务的主观评级之间的相关性可能对动机因素影响 ACC 进行的加工提供直接证据。因此，ACC 可能在整合行为控制的认知和情绪信息中起重要作用。

第二章 问题提出和研究框架

第一节 问题提出

从上面的文献综述部分可以看到，结果评价是人类的一种重要认知功能，目前对结果评价的神经机制研究已经成为国际上认知神经科学的热点问题。但是迄今为止，已有的关于结果评价的神经机制研究在以下几个方面还没有给出很好的答案。

（1）FRN 和 P300 在结果评价过程中的功能意义：以前的研究已经确定了两个与结果评价加工有关的 ERP 成分——FRN 和 P300，但是关于它们的认知和神经加工机制仍然不清楚。首先，我们需要确定的是，P300 波幅随着奖赏价值的变化是否只是因为被试对于价值大的结果给予更大的注意，还是 P300 波幅反映的是结果评价过程中的其他心理成分。其次，FRN 所反映的结果评价加工的本质仍然不清楚。一种可能是 FRN 所进行的评价加工是对利益或价值的数量估计，在这种情况下 FRN 的波幅应当随着结果所表示的价值的增加而增大；另一种可能是这种评价加工只是将结果粗糙地分为"好"或"坏"，而与奖惩的多少无关，在这种情况下 FRN 应当对于奖赏的价值大小不敏感。

（2）无奖赏条件下的结果评价加工的 ERP 效应：前人对于结果评价加工研究主要集中于人脑对奖赏或得失的加工研究，那么没有特定奖赏特征的反馈刺激是否会引发评价系统的活动呢？对于这个问题我们还不清楚。对它的回答可以帮助我们更深入地理解 FRN 和 P300 所代表的评价加工的意义。如果 FRN 和 P300 反映的只是对于结果刺激的基本特征（如得失、奖赏的价值）的加工，那么在无奖赏条件下的任务中将观察不到这两个 ERP 成分；相反，如果在无奖赏条件下也观察到这些成分，那么 FRN 和 P300 反映的可能不仅仅是对结果刺激特征的评价加工，它们可能具有更高级的评价加工功能。

（3）动机、期望及情绪因素在结果评价过程中的作用：目前的一些研究已经认为 FRN 反映的是一种对结果事件的动机效果的评价。然而，动机因素对结果评价加工的影响本质还不清楚。最基本的问题是在这些研究中所观察到的效应的因果关系，也就是说，是动机和期望的增加导致 ACC 的评价系统更加活跃，还是由于一些人的评价系统更活跃所以这些人感觉到更强的动机和期望。此外，相关的 fMRI 研究已经观察到奖赏加工过程中与期望和情绪等因素有关的脑区，如杏仁核和腹侧纹状体，那么这些因素是否会在 ERP 成分上有反映？其对结果评价过程又有哪些影响？这些问题的回答对我们最终发展完善的结果评价理论有着重要意义。

从文献综述部分的研究中我们可以看到，在目前有关结果评价的神经机制研究中这些问题无法得到很好解决的一个重要原因在于研究所使用的任务上。目前的研究主要是基于一些较为简单的学习任务（Miltner et al.，1997；Holroyd and

Coles，2002）或简单的赌博游戏（Gehring and Willoughby，2002；Ruchsow et al.，2002；Holroyd et al.，2003，2004；Nieuwenhuis et al.，2004；Yeung and Sanfey，2004）的研究，而很少有关于那些相对复杂认知任务的研究。这主要是由于复杂的认知任务其功能也相对复杂，难以进行精确控制。然而，随着认知神经科学的发展，越来越多的研究者将研究兴趣从相对简单的认知活动转移到复杂的认知活动上来，对复杂认知活动的研究也成为认知神经科学中最新最热的领域，随着研究的不断深入，许多复杂认知活动都有了相关的脑成像研究，从复杂认知活动的角度对结果评价的神经机制进行研究的基础已经具备，时机已经成熟。因此，在我们的研究中，我们决定采用三种相对复杂的研究任务，即欺骗、复杂赌博及猜谜，希望能对结果评价的神经机制问题进行更深入的研究，尤其是对以上几个问题进行尝试性的回答。有关这些复杂任务的相关研究背景我们将在每个研究前面进行介绍。

第二节　研究框架和研究目的及意义

在提出了所要研究问题、选择了研究任务之后，采用什么样的研究框架，以什么样的思路和角度来展开研究就成了最重要的问题。在这里，我们选择了将纵向深入的递进式研究和横向展开的比较研究结合起来的方法。首先，我们以一个研究任务（欺骗）作为突破口，由浅入深、由简入繁地进行了三个纵向实验，分别对简单反应行为、简单欺骗行为和复杂的交互式欺骗行为中结果评价的神经机制进行了研究。其次，我们又从横向对比的角度对赌博行为中结果评价的神经机制以及猜谜行为中结果评价的神经机制两个问题进行了研究，将它们的结果与欺骗行为的结果进行横向比较。本研究的框架图如图 2-1 所示。

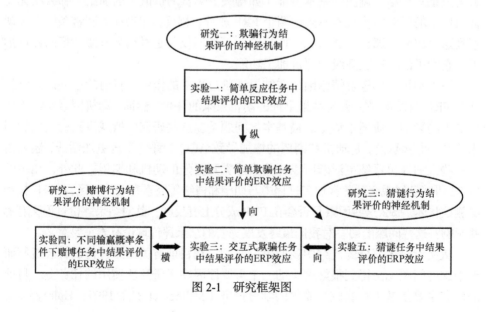

图 2-1　研究框架图

本研究旨在揭示复杂认知活动中结果评价的神经机制，从不同任务中同一阶段的横向比较和同一任务中不同条件的纵向比较入手，试图对这一问题做出比较全面的回答。

我们将选取三种涉及结果评价阶段的复杂认知活动：欺骗、赌博和猜谜，研究其加工过程中结果评价阶段的神经机制。

本研究具有重要的理论意义和现实意义。在理论意义上，结果评价是人类认知行为中重要的组成部分，对其的研究对相关的决策、反馈和其他社会认知研究都有着重要的影响；在现实意义上，赌博、欺骗和猜谜等行为在人类社会生活中有着非常重要的作用，对它们的脑机制研究对我们理解和分析人类行为有着重要意义，在教育和经济领域都有十分重要的应用价值。

本研究的创新性在于，首次从多种复杂认知活动的角度进行对结果评价的神经机制进行比较研究，同时也是首次对交互式欺骗、猜谜和不同输赢概率下的赌博等行为进行的 ERP 研究。

本研究分为三个大的部分，每个研究部分内有 1～3 个实验。

研究一：欺骗行为结果评价的神经机制

实验一：简单反应任务中结果评价的 ERP 效应

实验二：简单欺骗任务中结果评价的 ERP 效应

实验三：交互式欺骗任务中结果评价的 ERP 效应

研究二：赌博行为结果评价的神经机制

实验四：不同输赢概率条件下赌博任务中结果评价的 ERP 效应

研究三：猜谜行为结果评价的神经机制

实验五：猜谜任务中结果评价的 ERP 效应

第三章 研究一：欺骗行为结果评价的神经机制

【研究背景】

在我们的现实生活中欺骗是一个普遍存在的现象。欺骗就是对于某件事情，撒谎者自己知道是假的，而他们故意使受欺骗人相信这是真的（撒谎者一般是为了获得某种利益或避免惩罚）（Spence et al.，2001）。一个伴随的特征是撒谎者隐藏着他们知道正确的数据。欺骗在人的社交中似乎是一个正常的成分。的确，欺骗行为可能受人脑结构进化改变的支持：在灵长类动物中手段高明的欺骗频率与新皮层的大小相关。在人类这种行为是随着年龄而发展的，而且在一些特殊的神经发展障碍中这种行为可能受到损伤。但是，在很多领域，如犯罪调查、人员选拔及临床上诊断装病，识别欺骗（也就是测慌）具有重要的意义。因此，长期以来个人及整个社会都在寻求可靠的方法以识别什么时候一个人在撒谎。然而，至今还没有可靠的方法可以识别欺骗。虽然多导仪监测的利用很广泛，但是它监测的可能是焦虑而不是内疚（guilt）；此外，它不能揭示欺骗的根本认知基础。

在过去的二十年中，研究者们试图证明能用 ERP 监测人隐藏的信息（Bashore and Rapp，1993；Rosenfeld，1995）。这些工作可以分为两类：探测犯罪知识的出现和探测一个人假装记忆丧失（也就是装病）。犯罪知识（guilty knowledge）研究证明 ERP 的晚期正成分（late positive component，LPC，也称为 P300）是一个隐藏记忆出现时的有用指标。同样地，因为假装健忘症的人特定的记忆，所以在这种人中 P300 也显示了对这些项目的真实记忆状态（Rosenfeld et al.，2000）。

所有这些研究都集中在 P300 上，为了利用 P300 波幅和刺激概率之间的反比关系，刺激是以"Oddball"范式呈现的。也就是说，感兴趣的项目（即犯罪知识项目）以小概率和随机的方式呈现，还有其他类别的控制刺激，一类是小概率呈现；另一类呈现是大概率。如果一个人对感兴趣的项目有犯罪知识，则这些项目的低概率特性将使他们引发出 LPC，就像低概率对照刺激引发的一样。然而，如果这个人对这些项目没有任何知识，它们将被感知为属于频繁刺激组并且因此引发的 LPC 跟频繁的对照刺激引发的一样。因此，所有这些研究都被认为是"应用性的"，因为它们采用了 ERP 已知的方面，并且运用它们设计方法监测在"真实世界"情景中隐藏的信息的出现。但是这种用 P300 测慌的方法仍然有 12.5%的不确定性。欺骗是一个复杂的认知过程，可能涉及多种认知加工，因此真正研究清楚欺骗的神经机制，才能为测慌技术的发展提供基础。

最近，有研究者提出执行加工在欺骗中起重要作用（Spence et al., 2004）。在最近一项关于欺骗反应的 ERP 研究中（Johnson et al., 2004），研究者采用新/旧再认测验范式，结果发现与诚实反应相比，欺骗反应引发更大的内侧额叶负波（medial frontal negativity, MFN）。MFN 被认为反映 ACC 的活动，ACC 参与监测行为和解决冲突反应倾向。因此，ACC 被认为在做欺骗反应时起重要作用。欺骗者不仅必须完成所有的对于确定真实反应所必需的平常任务和反应相关的加工，他们还必须进行额外的加工以便抑制做这个优势反应的倾向。此外，伪造一个反应意味着欺骗的人必须选择一个与真相不一致（也就是冲突）的反应并且执行这个欺骗反应。因此，一个人要欺骗，他就必须运用更强的执行控制加工以影响反应抑制、选择和执行。而且，他们可能比在大多数其他情形下更加依赖于这些加工，因为如果他们在撒谎中没有成功地做有意的欺骗反应，他们将会被识破。

ACC 在欺骗过程中同样发挥着作用。近年来，fMRI 在欺骗研究中得到广泛应用（Spence et al., 2001；Langleben et al., 2002；Lee et al., 2002；Ganis et al., 2003）。由于这些研究采用不同的实验任务和实验设计，因此实验结果不是很一致，但在这些研究中都观察到了 ACC 或前额叶皮层的活动，说明这个区域是欺骗基本神经回路的成分，可能参与产生撒谎或抑制真相。

以上所有这些研究都只是对欺骗反应或欺骗过程的研究，而针对欺骗结果评价的研究几乎没有，但这个阶段又是欺骗行为中非常重要的组成部分。因此，我们将这一研究作为我们的第一个研究范式。

【研究目的】

考察欺骗行为中结果评价的神经机制。

第一节　实验一：简单反应任务中结果评价的 ERP 效应

1　实验目的

通过提示-靶-反馈实验范式，将结果反馈与心理准备和反应分离开来，研究得钱和失钱引发的 ERP 成分及其意义。

2　实验方法

2.1　被试

18 名来自北京某大学的在校大学生或研究生参加了本实验，所有被试均为右利手、视力正常或矫正后正常，均为首次参加心理学实验。由于有 2 名被试的实验结果不符合实验要求（见下文），所以最后用于结果分析的被试有 16 名（9 男 7

女），年龄 18～23 岁（平均 21.1 岁）。

2.2　刺激材料

如图 3-1 所示，刺激材料为黑色背景上的各种符号或数字。提示（cue）为三种平面几何图形：正方形、三角形和圆。靶（target）为具有上、下、左、右四种朝向的箭头符号。反馈（feedback）为各种数字，包括黄色的+1、–2、+3、–1 和红色的–1。

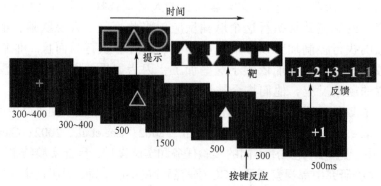

图 3-1　简单反应任务和欺骗任务示意图

2.3　实验程序

被试坐于屏蔽室内一张舒适的椅子上，两眼注视屏幕中心，眼睛据屏幕中心 60 cm。刺激在屏幕上的呈现由 Eprime 刺激系统控制。如图 3-1 所示：首先，屏幕中间呈现一个红色的"+"号，要求被试将注意力集中到它上面。然后，在屏幕中央出现一个几何图形（正方形、三角形和圆形中的一种，出现的比例为 1:1:2）作为提示符号。接着，在屏幕中央出现一个箭头符号（具有上、下、左、右四种可能的朝向，出现的比例为 1:1:1:1），它们分别对应于键盘上的"↑↓←→"键。在这个阶段，要求被试根据前面的提示对箭头做出按键反应。最后，根据被试的反应在屏幕中央出现一个反馈数字（+1、–2、+3，其中–2 和+3 出现的比例为 1:1），代表增加或减少的报酬数。从前一个试次结束到下一个试次开始的时间间隔为 1500 ms（当被试反应错误或反应时超过 800ms 时的试次时间间隔为 2000ms）。每个试次的时间为 5500～6200 ms。共 480 个试次，分 10 组进行，每组 4.5min 左右，组间休息时间由被试自己控制。提示符号代表的意义在被试间做了平衡。

2.4　被试的任务

1）当提示为方块时，被试要准备做出一致的按键反应。当看到箭头时，按与箭头朝向相同的键（看到向上的箭头时，按"↑"键；向下的箭头按"↓"键；向左的箭头按"←"键；向右的箭头按"→"键）。正确按键后，屏幕中央会出现一个黄色+1，被试的报酬相应地增加 0.1 元；若出现黄色–1，说明被试按错了键，报酬会相应减少 0.1 元。

2）当提示为三角时，被试要准备做出不一致的按键反应。当看到箭头时，按与箭头朝向不同的其他三个键中的任意一个键（如看到向上的箭头时，按"←↓→"键中的任意一个）。当被试做出不一致的按键反应后，计算机会根据被试的按键反应增加或减少报酬。当屏幕中央出现一个黄色+3 时，被试的报酬会相应增加 0.3 元；当出现一个黄色–2 时，被试的报酬会相应减少 0.2 元。若被试按错了键，即按了与箭头朝向相同的键，屏幕中央会出现黄色–1，报酬也会相应减少 0.1 元。

3）当提示为圆时，打算按一致还是不一致的键由被试自己决定，但要控制按一致键和按不一致键的比例差不多，并且尽量随机。若被试打算按一致的键，看到箭头时，按与箭头朝向相同的键；若被试打算按不一致的键，看到箭头时，按与箭头朝向不同的键。做一致反应时，屏幕中央会出现一个黄色+1，被试的报酬相应地增加 0.1 元。做不一致反应时，计算机也会根据被试的按键反应增加或减少报酬。当屏幕中央出现一个黄色+3 时，被试的报酬会相应增加 0.3 元；当出现一个黄色–2 时，被试的报酬会相应减少 0.2 元。

此外，要求被试一定在提示出现时，就做好按相同键或不同键的准备。看到箭头时，尽可能正确并且迅速地做出反应。为了防止被试在看到箭头时才做按相同键还是相反键的决定，我们将被试的反应时限定在 800 ms 之内，若被试的反应时限超过 800 ms，屏幕中央也会出现一个红色的–1 作为警告。

被试的报酬是每小时 10 元再加最后的奖金。如果最后是一个负的奖金，我们仍然会给每小时 10 元的报酬。被试最高能获得 50 元的报酬。

2.5　ERP 记录

实验仪器为 Neuroscan ERP 工作站。记录电极固定于 64 导联电极帽中。以双侧乳突为参考电极点。位于左眼上下眶的电极记录垂直眼电（vertical electro-oculography，VEOG），位于左右眼角外 1cm 处的电极记录水平眼电（horizontal electro-oculography，HEOG）。头皮与电极之间的阻抗小于 5 kΩ。信号经放大器放大并记录连续 EEG，滤波带通为 0.05～100 Hz，采样频率为每导联 500 Hz，离线式（off-line）叠加处理。自动矫正眨眼伪迹。其他原因造成的伪迹使脑电电压超过±100 μV 的脑电事件被去除。

2.6　ERP 数据分析和统计

对反馈出现前100 ms 至出现后700 ms 的脑电进行分析，以反馈出现前100 ms

作为基线。对一致反应及不一致反应后结果反馈引发的脑电分别进行叠加和平均，并且以不一致反应后得钱反馈引发的 ERP 波减去失钱反馈引发的 ERP 波得到差异波。

选择以下 12 个电极位置记录的 ERP 用于统计分析：Fz，FCz，Cz，CPz，F3，FC3，C3，CP3，F4，FC4，C4，CP4（图 3-2）。本文主要测量并分析 FRN 和 P300。对于 FRN，在以上电极位置测量 200～350 ms 的平均波幅。对于 P300，在不一致反应后失钱诱发的 ERP 波选择 300～500 ms 的时间窗口，不一致反应后得钱和一致反应后得钱反馈诱发的 ERP 波选择 200～400 ms 的时间窗口测量波幅（基线到波峰）和潜伏期。

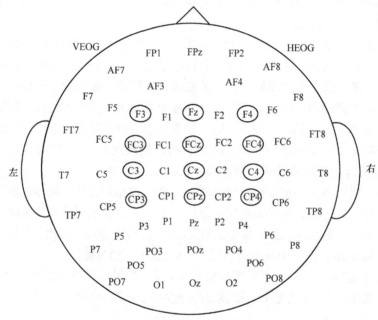

图 3-2　头皮记录电极分布示意图及统计分析所采用的电极点（如圆圈所示）

用三因素重复测量方差分析（ANOVAs）的方法对不一致反应后结果反馈诱发的 FRN 平均波幅进行分析。ANOVA 因素为不一致反应后结果反馈（2 个水平：得钱和失钱），前后电极位置（4 个水平：额部 F，额中央部 FC，中央部 C，中央顶部 CP）及左中右电极位置（3 个水平：3 = 左侧，z = 中线，4 = 右侧）。用三因素重复测量 ANOVAs 的方法对结果反馈诱发的 P300 波幅和潜伏期进行分析。ANOVA 因素为结果反馈（3 个水平：+1、−2、+3），前后电极位置（4 个水平）及左中右电极位置（3 个水平）。所有的分析都采用 Greenhouse-Geisser 法矫正 p 值。

2.7 ERP 源分析

用 BESA 5.0（脑电源分析软件）对不一致反应后失钱引发的 FRN 和 P300 以及不一致反应后得钱引发的 P300 进行偶极子源定位分析。偶极子源定位对噪声非常敏感。因此，为了得到最大的信噪比，我们采用总平均 ERP 波。在本研究中，我们尝试在四壳椭球体模型中重建 FRN 和 P300 的源，头的半径为 85 mm，头皮、颅骨和脑脊液的厚度分别为 6mm、7mm 和 1mm；各部分的电导率分别为：脑组织 0.33 mΩ^{-1}、脑脊液 1.00 mΩ^{-1}、颅骨 0.0042 mΩ^{-1}、头皮 0.33 mΩ^{-1}。为了估计偶极子源的位置与脑的解剖结构关系，我们将从总平均 ERP 数据计算得到的偶极子坐标投射到 BESA 自带的标准 MRI 头像上，在结果中描述偶极子位置的三维坐标以 Talairach 坐标系为参考。

3 实验结果

3.1 数据剔除标准

在被试的任务要求中，当提示为圆时，按一致还是不一致的键由被试自己决定，但要求被试控制按一致键和按不一致键的比例差不多，所以当结果中按一致键和不一致键的比例超过 2∶1，这样的被试将被剔除。在本实验中，有 2 名被试按一致键和不一致键的比例超过 2∶1，所以他们的数据不参与最后的结果分析。

3.2 行为结果

为了表述方便，我们将提示为方块和三角时的行为称为强迫一致和强迫不一致，提示为圆时为自愿一致和自愿不一致。被试自愿做一致反应和不一致反应的比例为：一致/不一致 = 0.91±0.22。被试在强迫情况下做一致和不一致反应的正确率为：一致反应为 0.98±0.03；不一致反应为 0.95±0.03，一致反应比不一致反应的正确率更高[$t(15)$=3.72，$p=0.002$]。对反应时进行两因素[强迫和自愿（2 个水平），一致和不一致（2 个水平）]重复测量的 ANOVA 分析，结果显示，强迫和自愿的主效应不显著，一致和不一致的主效应不显著，但二者的交互显著[$F(1,15)=7.16$，$p<0.05$]；进一步配对比较分析显示，只有强迫不一致与自愿不一致的反应时之间有显著差异[$t(15)$=2.24，$p=0.041$]，其他强迫一致与自愿一致、强迫一致与不一致以及自愿一致与不一致的反应时之间差异均不显著。被试做各种反应的平均反应时（±标准差）为：强迫一致反应为 510.87±41.09 ms；强迫不一致反应为 516.87±51.55 ms；自愿一致反应为 506.55±47.79 ms；自愿不一致反应为 493.55±58.85 ms。

3.3 ERP 结果

从 ERP 波形图（图 3-3）可以看出，被试做出反应后，各种结果反馈引发的 ERP 差异主要表现在 FRN 和 P300 上，我们在下文将对这两个成分进行详细的分析。

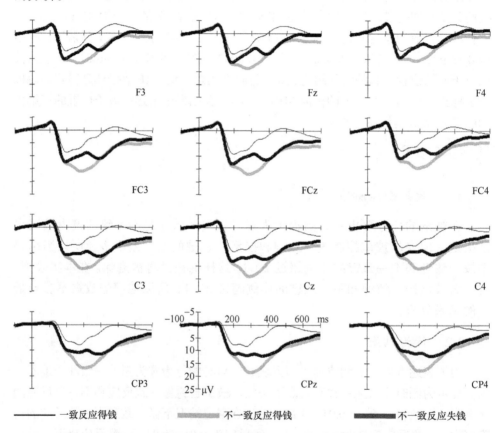

图 3-3 一致反应及不一致反应后结果反馈引发的 ERP 总平均图（$n=16$）

3.3.1 反馈相关负波（FRN）

从 ERP 波形图（图 3-3）可以看出，被试在做出不一致反应后看到失钱的反馈符号时，可以在 200～400 ms 引发一个明显的负成分，我们称其为反馈相关负波（feedback-related negativity，FRN），这个负成分的峰潜伏期约在 300 ms。在不一致反应结果引发的 ERP 波的 200～350 ms 测量该成分的平均波幅并进行统计分析，重复测量的 ANOVA 结果显示该成分的得失钱结果主效应显著，说明失钱比得钱诱发的 FRN 波幅在负方向上更大[$F_{(1, 15)}=73.26$，$p<0.001$]。左中右电极位置及前后电极位置主效应均显著[$F_{(2, 30)}=8.95$，p

<0.01；F（3，45）= 12.09，p<0.01]。如图 3-4 的地形图所示，FRN 的这种不一致反应后得失钱结果之间的差异在中线额中央部最大，反映为不一致反应得失钱结果与左中右位置的交互效应显著[F（2，30）= 8.54，p<0.01]，与前后位置的交互效应边缘显著[F（3，45）= 2.76，p = 0.096]。

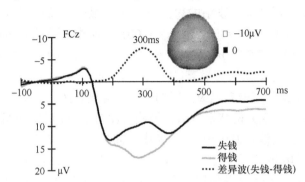

图 3-4 不一致反应后得钱与失钱反馈诱发的 ERP 总平均波和它们的差异波，以及差异波 300 ms 时的地形图

将不一致反应失钱诱发的 ERP 减去得钱诱发的 ERP 得到得失钱差异波，对差异波的分析显示 FRN 波幅在中线显著高于两侧（左：−7.83μV；中：−8.83μV；右：−8.16μV；p<0.01），而在左右两半球之间没有显著差异。在中线位置，从额部到中央后部波幅之间差异不显著，在 Cz 点波幅最高（−9.25μV），说明在该位置不一致反应后失钱与得钱相比引发的 FRN 波幅达到最高。对差异波 FRN 潜伏期的分析结果显示潜伏期在左中右电极位置之间存在显著差异[F（2，30）= 3.94，p<0.05]，在前后电极位置之间没有显著差异。进一步的配对比较分析显示，左侧电极位置的 FRN 潜伏期显著长于中线和右侧的电极位置（左：319.19 ms；中：314.56 ms；右：315.38 ms；p<0.05）。

3.3.2 P300

从 ERP 波形图（图 3-3）可以看出，不一致反应后失钱反馈引发的 FRN 之后有一个明显的 P300，而在不一致反应后得钱反馈和一致反应后得钱反馈的 ERP 波形中，P300 波幅的潜伏期明显短于不一致反应后失钱反馈的 P300，并且由于没有明显的 FRN，在不一致反应后得钱反馈和一致反应后得钱反馈的 ERP 波形中 P300 几乎很难与 P2 成分分开。

对不一致反应后+3、−2 和一致反应后+1 引发的 P300 波幅进行分析，发现条件主效应显著[F（2，30）= 24.13，p<0.001]，+3 引发的 P300 波幅比−2 高，而−2 诱发的 P300 波幅又比+1 高，所以 P300 波幅从高到低为不一致反应后+3、不一致反应后−2、一致反应后+1；而且在每种条件下，P300 波幅在中线电极位置显著高于左右两侧（p<0.01），而左右两侧电极之间波幅没有显著差异，说明 P300

波幅没有半球差异；P300 波幅在前后电极位置的分布也有显著差异（$p<0.001$），波幅最大值位于 Cz 点（不一致反应后+3：20.10μV；不一致反应后−2：13.72μV；一致反应后+1：9.12μV）。

　　进一步对不一致反应后得钱反馈和失钱反馈引发的 P300 的波幅和潜伏期进行分析，结果显示 P300 波幅的得失钱主效应显著，说明得钱比失钱诱发的 P300 波幅更大[$F_{(1, 15)} = 81.22$，$p<0.001$]；左中右及前后电极位置主效应均显著[$F_{(2, 30)} = 7.89$，$p<0.01$；$F_{(3, 45)} = 24.04$，$p<0.001$]；得失钱结果与左中右位置的交互效应显著[$F_{(2, 30)} = 5.78$，$p<0.05$]，以及得失钱结果、前后电极位置和左中右电极位置的交互效应显著[$F_{(6, 90)} = 3.17$，$p<0.05$]（图 3-5）。P300 潜伏期分析结果显示，失钱引发的 P300 潜伏期明显长于得钱引发的 P300 潜伏期[失钱：389.70 ms；得钱：302.37 ms；$F_{(1, 15)} = 130.31$，$p<0.001$]；前后电极位置主效应显著[$F_{(3, 45)} = 8.38$，$p<0.01$]，左中右电极位置主效应不显著，得失钱结果与左中右及前后电极位置的交互效应均不显著。

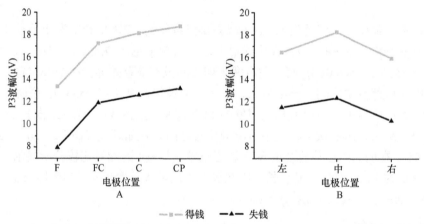

图 3-5　不一致反应后得失钱反馈诱发的 P300 在前后（A）和左中右（B）电极位置的波幅

3.4　偶极子源定位分析

　　对不一致反应后失钱结果诱发的 FRN 和 P300，以及不一致反应后得钱结果诱发的 P300 进行偶极子源定位分析，尝试性地定位 FRN 和 P300 的神经发生源。该偶极子源定位方法是基于四壳椭球体模型，在拟合过程中不限制偶极子的方向和位置。从结果中可以看出，对于不一致反应后失钱引发的 FRN，位于 ACC 附近的单个偶极子能够解释绝大多数的变异（位置：$x = 8.1$，$y = −5.2$，$z = 31.5$；残差 7.39%）；将该偶极子叠加到标准磁共振结构像上，可以看出偶极子位于 ACC 附近（图 3-6）。对于不一致反应后失钱引发的 P300，位于 ACC 附近的单个偶极子也能解释绝大多数的变异（位置：$x = 7.0$，$y = 16.8$，$z = 27.8$；残差7.17%）；将该偶极子叠加到标准磁共振结构像上，可以看出偶极子位于 ACC 附近（图 3-6）。我们需要注意，虽然不一致反应后失钱结果引发 FRN 和 P300 的发生源可能都位于 ACC，但二者位于 ACC 的不同区域，从偶极子的坐标位置及图 3-6 可以看出，FRN 的发生源可能位于 ACC 背侧尾部，而 P300 的发生源更靠近 ACC 的喙部。

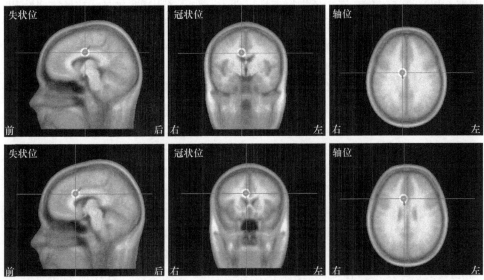

图 3-6　不一致反应后失钱引发的 FRN（上）和 P300（下）的偶极子源定位图

对于不一致反应后得钱引发的 P300，位于 ACC 附近的单个偶极子能够解释绝大多数的变异（位置：$x = 5.2$，$y = 11.2$，$z = 28.6$；残差 9.85%）；将该偶极子叠加到标准磁共振结构像上，可以看出偶极子位于 ACC 的喙部附近（图 3-7）。

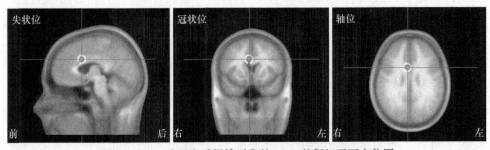

图 3-7　不一致反应后得钱引发的 P300 的偶极子源定位图

4　讨论

从 ERP 波形可以看出，不一致反应后失钱的结果反馈可以在 200~400 ms 引发一个明显的负成分（FRN），其峰潜伏期约在 300 ms；在得钱的结果反馈诱发的 ERP 波中我们基本看不到 FRN，而在 200~400 ms 的时间段表现为明显的 P300 成分，峰潜伏期约为 300 ms；FRN 的波幅在额部内侧电极位置最大，而 P300 波幅的最大位置偏中央部。说明这种得失评价加工开始于 200 ms 左右，并且在 300 ms 达到最大化，而且可能不同脑区执行着得钱和失钱的加工。

源定位分析发现 FRN 的发生源可能位于 ACC，这与许多前人的研究一致（Miltner et al., 1997; Gehring and Willoughby, 2002; Holroyd and Coles, 2002），而且在一些奖赏加工的神经成像研究中也观察到了 ACC 的激活，并且发现这个区域对于负性结果比正性结果更敏感（Elliott et al., 2000; Knutson et al., 2000; Delgado et al., 2003）。但是关于 ACC 和 FRN 的功能目前还没有一个统一的理论解释。对于我们的研究结果，可能的解释是 FRN 反映的或 ACC 进行的评价加工不只是将一个事件简单地评价为好还是坏，还包括由于实际结果与期望不一致引起的认知冲突，因为被试在按完键以后，总是期望看到得钱的反馈，所以当失钱的反馈出现时，与被试的期望不符，导致被试的心理冲突；而在得钱的情况下，实际结果与被试的期望一致，也就没有认知冲突，因此观察不到明显的 FRN。

最近的研究发现 P300 与奖惩的大小有关，钱越多 P300 波幅越大（Yeung and Sanfey, 2004）。我们的研究结果也观察到了这种现象，一致反应后得钱、不一致反应后失钱和不一致反应后得钱的钱数分别为 1、2、3，因此在 P300 波幅的高度上从低到高也表现为一致反应后得钱、不一致反应后失钱和不一致反应后得钱。但是我们认为 P300 不仅仅反映了对奖赏大小的一种客观的编码加工，它更可能反映一种基于奖赏效价（得失）和大小（钱的多少）的情绪加工。所以，在我们的研究中得钱引发的 P300 可能反映了得钱的高兴或喜悦等正性情绪，而失钱引发的 P300 反映了失望、沮丧等负性情绪，并且这种负性情绪发生在期望与现实不一致的认知冲突之后，表现为不一致反应后失钱反馈引发的 P300 出现在 FRN 之后，其潜伏期明显长于得钱反馈引发的 P300。但是我们的结果似乎又与以前关于 P300 的情绪研究报道不一致，在这项研究中负性图片比正性图片引发的 P300 波幅更大（Ito et al., 1998）。这可能是因为在我们的研究中，不一致反应后失钱（–2）的量不如得钱（+3）多，所以这种得钱数量的增多，导致不一致反应后得钱的 P300 波幅增大。除了不一致反应后得钱的数量多可能导致 P300 波幅更大，我们不能排除是得钱本身引起的正性情绪诱发的 P300 波幅更大，因为以前有人也发现愉悦刺激比非愉悦刺激诱发更大的皮层正电位（Michalski A., 1999）。

对于 P300 的发生源，目前还没有一致的结果。我们的源定位分析结果显示，P300 的发生源也可能位于 ACC，但与 FRN 的发生源相比，P300 的发生源更靠近 ACC 的喙部。这个结果与近年提出的关于 ACC 的认知和情绪功能分离的观点很类似，这个观点认为 ACC 的两个主要部分执行着不同功能，包括背侧认知部分和喙腹侧情绪部分，这两个亚区分别进行认知信息和情绪信息的加工（Bush et al.，2000）。将来自于细胞构筑、脑损伤和电生理研究会聚的数据，与不同的连接模式知识及有限数量的脑成像研究结合起来，我们观察到这两个部分是可以区分的。认知亚区是分布式注意网络的一部分，它与外侧前额叶皮层、顶叶皮层及前运动区和辅助运动区相互连接。已经将各种功能归于 ACC 的背侧认知亚区，包括通过影响感觉或反应选择（或二者）调节注意或执行功能；监测竞争，复杂运动控制，动机，新奇，错误监测和工作记忆；以及认知任务的预期。相反，情感亚区连接到杏仁核、水管周围灰质、伏隔核、下丘脑、前部脑岛、海马和眶额皮层，并且有输出到自主系统、内脏运动系统和内分泌系统。ACC 的情感亚区主要参与情绪和动机信息的评价及情绪反应的调节。所以，在我们的研究中，结果反馈诱发的 FRN 和 P300 及它们的发生源可能位于 ACC 的不同部位，很可能从时间和空间上体现了这种认知和情绪加工的分离。

本研究采用偶极子源定位分析方法发现 FRN 和 P300 的发生源可能位于 ACC。然而，应当强调的是，偶极子源分析是一个逆问题，没有唯一解，而且由于源定位固有的局限性，源定位方法只是通过假定的有限几个偶极子试验性地模拟头皮电压分布来定位脑区。因此，应当谨慎考虑偶极子源定位分析结果。此外，近年来的神经成像研究已经发现许多脑区与奖赏的多少有关，包括眶额皮层、杏仁核和腹侧纹状体（Elliott et al.，2000；Knutson et al.，2000；Breiter et al.，2001；Delgado et al.，2003）。很可能这些皮层区共同激活导致我们观察到反映情绪效应的 P300 成分。

总之，ERP 成分 FRN 和 P300 都与简单反应的结果评价有关，FRN 可能起源于 ACC 的背尾区，与结果的得失有关，反映了一种实际结果与期望不一致产生的认知冲突；P300 的起源也可能起源于 ACC，但不能排除其他脑区，如杏仁核和腹侧纹状体等皮层下区域，可能反映的是一种基于奖赏效价（得失）和大小（钱的多少）的高级情绪评价加工。

第二节　实验二：简单欺骗任务中结果评价的 ERP 效应

1　实验目的

通过实验范式提示-靶-反馈将复杂的欺骗过程分成三个阶段：欺骗动机的形

成、做出欺骗反应和欺骗结果的评价，使欺骗结果评价与其他心理成分分离开来，以考察欺骗结果评价的 ERP 效应。

2　实验方法

2.1　被试

19 名来自北京某大学的在校大学生或硕士研究生参加了本实验，所有被试均为右利手、视力正常或矫正后正常，均为首次参加心理学实验。由于有 3 名被试的实验结果不符合实验要求（见下文），所以最后用于结果分析的被试有 16 名（7 男 9 女），年龄 18～24 岁（平均 20.4 岁）。

2.2　刺激材料及实验程序

2.2.1　刺激材料

如图 3-1 所示，刺激材料为黑色背景上的各种符号或数字。提示（cue）为三种平面几何图形：正方形、三角形和圆。靶（target）为具有上、下、左、右四种朝向的箭头符号。反馈（feedback）为各种数字，包括黄色的+1、–2、+3、–1 和红色的–1。

2.2.2　实验材料

被试坐于屏蔽室内一张舒适的椅子上，两眼注视屏幕中心，眼睛据屏幕中心 60 cm。刺激在屏幕上的呈现由 Eprime 刺激系统控制。如图 3-1 所示：首先，屏幕中间呈现一个红色的"+"号，要求被试将注意力集中到它上面。然后，在屏幕中央出现一个几何图形（正方形、三角形和圆形中的一种，出现的比例为 1∶1∶2）作为提示符号。接着，在屏幕中央出现一个箭头符号（具有上、下、左、右四种可能的朝向，出现的比例为 1∶1∶1∶1），它们分别对应于键盘上的"↑↓←→"键。在这个阶段，要求被试根据前面的提示对箭头做出按键反应。最后，根据被试的反应在屏幕中央出现一个反馈数字（+1、–2、+3，其中–2 和＋3 出现的比例为 1∶1），代表增加或减少的报酬数。从前一个试次结束到下一个试次开始的时间间隔为 1500 ms（当被试反应错误或反应时超过 800ms 时的试次时间间隔为 2000ms）。每个试次的时间为 5500～6200 ms。共 480 个试次，分 10 组进行，每组 4.5min 左右，组间休息时间由被试自己控制。提示符号代表的意义在被试间做了平衡。

2.3　被试的任务

1）当提示为方块时，被试要准备做出"诚实"反应。当看到箭头时，按与箭头朝向相同的键（看到向上的箭头时，按"↑"键；向下的箭头按"↓"键；向左的箭头按"←"键；向右的箭头按"→"键）。正确按键后，屏幕中央会出现一个黄色＋1，被试的报酬相应的增加 0.1 元；若出现黄色 –1，说明被试按错了键，被试的报酬会相应减少 0.1 元。

2）当提示为"三角"时，被试要准备做出"欺骗"反应，即被试要准备欺骗计算机。当看到箭头时，按与箭头朝向不同的其他三个键中的任意一个键（例如，看到向上的箭头时，按←↓→键中的任意一个）。当被试欺骗计算机成功，即计算机认为被试是诚实的，这时屏幕中央会出现一个黄色的+3，被试的报酬会相应增加 0.3 元；若被试欺骗没有成功，即计算机测出被试在撒谎，这时会出现一个黄色的–2，被试的报酬也会相应减少 0.2 元。若被试按错了键，即按了与箭头朝向相同的键，屏幕中央会出现黄色–1，被试的报酬也会相应减少 0.1 元。

3）当提示为"圆"时，是否要欺骗计算机由被试"自己决定"，但要控制诚实和欺骗的比例差不多，并且尽量随机。若被试打算诚实，看到箭头时，按与箭头朝向相同的键；若被试打算欺骗计算机，看到箭头时，按与箭头朝向不同的键。诚实反应时，屏幕中央会出现一个黄色+1，被试的报酬相应的增加 0.1 元。欺骗计算机时，当被试欺骗成功，屏幕中央会出现一个黄色的+3，被试的报酬会相应增加 0.3；若被试欺骗没有成功，屏幕中央会出现一个黄色的–2，被试的报酬也会相应减少 0.2 元。

实验开始前告诉被试：该实验是一个关于测慌的研究，最近我们正在设计一种测慌的软件，想知道它测慌成功的百分率是多少。我们实验的报酬基线是 10 元，做完实验后，我们会根据您欺骗成功次数的多少增加或减少报酬。您最高能获得 50 元的报酬。

但在实际的程序中，当被试做欺骗反应时，–2 和+1 的呈现是随机的（出现的概率各为 50%），也就是说计算机只是随机判断被试是诚实的还是在撒谎。此外，要求被试一定在提示出现时，就做好诚实或欺骗的准备。看到箭头时，尽可能正确并且迅速地做出反应。为了防止被试在看到箭头时才做是否欺骗的决定，我们将被试的反应时限定在 800 ms 之内，若被试的反应时限超过 800 ms，屏幕中央也会出现一个红色的–1 作为警告。

2.4　ERP 记录

实验仪器为 Neuroscan ERP 工作站。记录电极固定于 64 导联电极帽中。以双侧乳突为参考电极点。位于左眼上下眶的电极记录垂直眼电（vertical electro-oculography，VEOG），位于左右眼角外 1 cm 处的电极记录水平眼电（horizontal electro-oculography，HEOG）。头皮与电极之间的阻抗小于 5 kΩ。信号经放大器放大并记录连续 EEG，滤波带通为 0.05～100 Hz，采样频率为每导联 500 Hz，离线式（off‑line）叠加处理。自动矫正眨眼伪迹。其他原因造成的伪迹使脑电电压超过 ±100 μV 的脑电事件被去除。

2.5 ERP 数据分析和统计

对反馈出现前 100 ms 至出现后 700 ms 的脑电进行分析，以反馈出现前 100 ms 作为基线。对诚实反应后 +1 及欺骗反应后 +3（欺骗成功）和 –2（欺骗失败）的反馈引发的脑电分别进行叠加和平均，并且以欺骗失败的反馈引发的 ERP 减去欺骗成功引发的 ERP 得到差异波。

选择以下的 12 个电极位置记录的 ERP 用于统计分析：Fz，FCz，Cz，CPz，F3，FC3，C3，CP3，F4，FC4，C4，CP4。本文主要测量并分析 FRN 和 P300。对于 FRN，在以上电极位置测量 200～350 ms 的平均波幅。对于 P300，在欺骗失败的 ERP 波形选择 300～500 ms 的时间窗口，欺骗成功和诚实反馈的 ERP 波形选择 200～400 ms 的时间窗口测量波幅（基线到波峰）和潜伏期。

用三因素重复测量方差分析（ANOVAs）的方法对 FRN 的平均波幅进行分析。ANOVA 因素为欺骗结果（2 个水平：成功和失败），前后电极位置（4 个水平：额部 F，额中央部 FC，中央部 C，中央顶部 CP）及左中右电极位置（3 个水平：3 = 左侧；z = 中线；4 = 右侧）。用三因素重复测量 ANOVAs 的方法对结果反馈诱发的 P300 的波幅和潜伏期进行分析。ANOVA 因素为结果反馈（3 个水平：+1、–2、+3），前后电极位置（4 个水平）及左中右电极位置（3 个水平）。所有的分析都采用 Greenhouse‑Geisser 法矫正 p 值。

2.6 ERP 源分析

用 BESA 5.0 对欺骗失败引发的 FRN 和 P300 以及欺骗成功引发的 P300 进行偶极子源定位分析。偶极子源定位对噪声非常敏感。因此，为了得到最大的信噪比，我们采用总平均 ERP 波。在本研究中，我们尝试在四壳椭球体模型中重建 FRN 和 P300 的源，头的半径为 85 mm，头皮、颅骨和脑脊液的厚度分别为 6 mm、7 mm 和 1 mm；各部分的电导率分别为：脑组织 0.33 mΩ^{-1}、脑脊液 1.00 mΩ^{-1}、颅骨 0.0042 mΩ^{-1}、头皮 0.33 mΩ^{-1}。为了估计偶极子源的位置与脑的解剖结构的关系，我们将从总平均 ERP 数据计算得到的偶极子坐标投射到 BESA 自带的标准 MRI 头像上，在结果中描述偶极子位置的三维坐标以 Talairach 坐标系为参考。

3 实验结果

3.1 数据剔除标准

在被试的任务要求中，当提示为圆时，诚实还是欺骗由被试自己决定，但要求被试控制做诚实反应和欺骗反应的比例差不多，所以当结果中诚实和欺骗的比例超过 2∶1，这样的被试将被剔除。在本实验中，有 3 名被试做诚实反应和欺骗反应的比例超过 2∶1，所以他们的数据不参与最后的结果分析。

3.2 行为结果

为了表述方便，我们将提示为方块和三角时的行为称为强迫诚实和强迫欺骗，提示为圆时为自愿诚实和自愿欺骗。被试自愿决定时的诚实和欺骗的比例为：诚实/欺骗 = 0.80±0.20。被试在强迫情况下诚实和欺骗反应的正确率为：诚实反应为 0.97±0.03；欺骗反应为 0.92±0.05，诚实反应比欺骗反应的正确率更高[$t_{(15)}$=4.77，$p < 0.001$]。对反应时进行两因素[强迫和自愿（2 个水平），诚实和欺骗（2 个水平）]重复测量的 ANOVA 分析，结果显示强迫和自愿的主效应边缘显著[$F_{(1, 15)}$ = 4.52，$p = 0.051$]，诚实和欺骗的主效应显著[$F_{(1, 15)}$ = 10.21，$p < 0.01$]，二者的交互不显著；进一步配对比较分析结果显示，强迫诚实比强迫欺骗的反应时更长[$t_{(15)}$ = 2.45，$p < 0.05$]，自愿诚实比自愿欺骗的反应时更长[$t_{(15)}$ = 3.68，$p < 0.01$]，强迫欺骗比自愿欺骗的反应时更长[$t_{(15)}$ =2.17，$p < 0.05$]，而强迫诚实与自愿诚实之间差异不显著。被试做各种反应的平均反应时，强迫诚实为 514.89±20.39 ms；强迫欺骗为 494.43±39.69 ms；自愿诚实为 500.59±40.12 ms；自愿欺骗为 477.49±56.02 ms。

3.3 ERP 结果

从 ERP 波形图（图 3-8）可以看出，被试做出诚实或欺骗的反应后，各种结果反馈引发的 ERP 差异主要表现在 FRN 和 P300 上，我们在后文将对这两个成分进行详细分析。

3.3.1 FRN

从 ERP 波形图（图 3-8）可以看出，被试看到欺骗失败的反馈符号时，可以在 180～380 ms（峰值为 290 ms）引发一个明显的负成分，我们称其为 FRN，这个负成分的峰潜伏期约在 290 ms。在欺骗结果引发的 ERP 波 200～350 ms 测量该成分的平均波幅并进行统计分析，重复测量的 ANOVA 结果显示该成分的欺骗结果主效应显著，说明欺骗失败比欺骗成功诱发的 FRN 波幅在负方向上更大[$F_{(1, 15)}$ = 145.19，$p < 0.001$]左中右及前后电极位置主效应均显著[$F_{(2, 30)}$ = 32.23，$p < 0.001$；$F_{(3, 45)}$ = 32.44，$p < 0.001$]。如图 3-9 中的地形图所示，FRN 的这种欺骗结果之间的差异在中线额中央部最大，反映为欺骗结果与前后电极位置的交互效应显著[$F_{(3, 45)}$ = 10.95，$p < 0.01$]和欺骗结果与左中右电极位置的交互效应显著[$F_{(2, 30)}$ = 10.58，$p < 0.01$]以及欺骗结果、前后电极位置和左中右位置的交互效应边缘显著[$F_{(6, 90)}$ = 2.48，$p = 0.059$]。

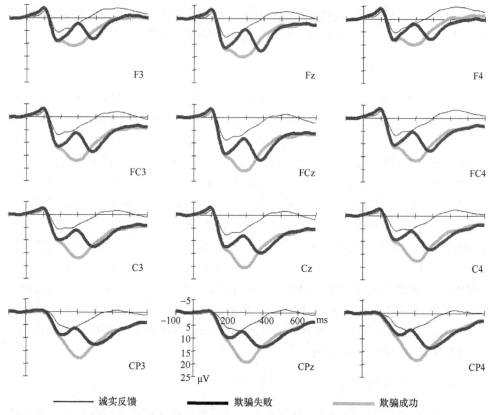

图 3-8 诚实及欺骗结果反馈引发的 ERP 总平均图（$n=16$）

进一步对欺骗失败减欺骗成功的 ERP 差异波（图 3-9）的分析显示 FRN 波幅在中线显著高于两侧（左：$-11.18\mu V$；中：$-12.96\mu V$；右：$-11.40\mu V$；$p<0.01$），而在左右两半球之间没有显著差异。在中线位置，从额部到中央后部波幅之间也存在显著差异[$F（3，45）=5.59$，$p<0.05$]，在 FCz 点波幅最高（$-13.82\mu V$），说明在该位置欺骗失败比欺骗成功引发的 FRN 波幅达到最高。

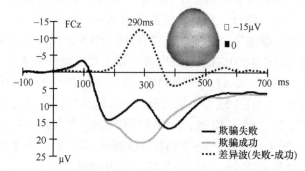

图 3-9 欺骗失败和欺骗成功反馈诱发的 ERP 总平均波和它们的差异波，以及差异波 290 ms 时的地形图

对差异波 FRN 潜伏期的分析结果显示潜伏期在左中右电极位置之间存在显著差异[$F_{(2, 30)} = 8.39$, $p < 0.01$]，在前后电极位置不显著。进一步的配对比较分析显示，左侧电极位置的 FRN 潜伏期显著长与中线和右侧的电极位置（左：295.09 ms；中：289.25 ms；右：290.69 ms；$p < 0.05$）。

3.3.2　P300

从 ERP 波形图（图 3-8）可以看出，欺骗失败引发的 FRN 之后有一个明显的 P300，而在欺骗成功和诚实反馈的 ERP 波形中，P300 波幅的潜伏期明显短于欺骗失败的 P300，并且由于没有明显的 FRN，在欺骗成功和诚实反馈的 ERP 波形中 P300 几乎与 P2 成分很难分开。

对欺骗反应后+3、-2 和诚实反应后+1 引发的 P300 波幅进行测量，重复测量 ANOVA 结果显示条件主效应显著[$F_{(2, 30)} = 74.83$, $p < 0.001$]，+3 引发的 P300 波幅比-2 高，而-2 诱发的 P300 波幅又比+1 高，所以 P300 波幅从高到低为欺骗反应后+3、欺骗反应后-2、诚实反应后+1；而且在每种条件下，P300 波幅在中线电极位置的波幅显著高于左右两侧（$p < 0.01$），而左右两侧电极之间波幅没有显著差异，说明 P300 波幅没有半球差异，P300 波幅在前后电极位置的分布也有显著差异，波幅最大值位于 FCz 点（欺骗反应后+3：22.47μV；欺骗反应后-2：17.74μV；欺骗反应后+1：8.12μV）。

进一步对欺骗成功和失败引发的 P300 的波幅和潜伏期进行分析，结果显示 P300 波幅的欺骗结果主效应显著，说明欺骗成功比欺骗失败诱发的 P300 波幅更大[$F_{(1, 15)} = 17.92$, $p < 0.01$]；左中右及前后电极位置主效应均显著[$F_{(2, 30)} = 40.54$, $p < 0.001$；$F_{(3, 45)} = 27.96$, $p < 0.001$]；欺骗结果与前后电极位置的交互效应显著[$F_{(3, 45)} = 7.83$, $p < 0.01$]，与左中右电极位置的交互效应边缘显著[$F_{(2, 30)} = 3.20$, $p = 0.067$]。

P300 潜伏期分析结果显示，欺骗失败引发的 P300 潜伏期明显长于欺骗成功引发的 P300 潜伏期[欺骗失败：390.16 ms；欺骗成功：292.49 ms；$F_{(1, 15)} = 155.75$, $p < 0.001$]。P300 潜伏期的前后电极位置主效应显著[$F_{(3, 45)} = 6.29$, $p < 0.05$]，进一步分析显示中央顶部电极的 P300 潜伏期显著长于其他位置。左中右电极位置主效应不显著。欺骗结果与左中右电极位置的交互效应显著[$F_{(2, 30)} = 10.19$, $p < 0.01$]；进一步分析显示欺骗失败引发的 P300 潜伏期存在半球差异，左侧潜伏期长于右侧[左：393.47 ms；右：386.28 ms；$F_{(1, 15)} = 11.84$, $p < 0.01$]；而欺骗成功引发的 P300 潜伏期在左右半球上没有显著差异。

3.4　偶极子源定位分析

对欺骗失败的结果诱发的 FRN 和 P300，以及欺骗成功的结果诱发的 P300 进行偶极子源定位分析，尝试性地定位 FRN 和 P300 的神经发生源。该偶极子源定位方法是基于四壳椭球体模型，在拟合过程中不限制偶极子的方向和位置。从结果中可以看出，对于欺骗失败结果引发的 FRN，位于 ACC 附近的单个偶极子能够解释绝大多数的变异（位置：$x = 8.2$，$y = -2.8$，$z = 38.8$；残差 9.12%）；将该偶极子叠加到标准磁共振结构像上，可以看出偶极子位于 ACC 附近（图 3-10 上）。对于欺骗失败的结果引发的 P300，位于 ACC 附近的单个偶极子也能解释绝大多数的变异（位置：$x = 4.2$，$y = 18.1$，$z = 30.7$；残差 7.90%）；将该偶极子叠加到标准磁共振结构像上，可以看出偶极子位于 ACC 附近（图 3-10 下）。我们需要注意的是，虽然欺骗失败的结果引发的 FRN 和 P300 的发生源可能都位于 ACC，但二者位于 ACC 的不同区域，从偶极子的坐标位置及图 3-6 可以看出，FRN 的发生源位于 ACC 背侧尾部，而 P300 的发生源更靠近 ACC 的喙部。

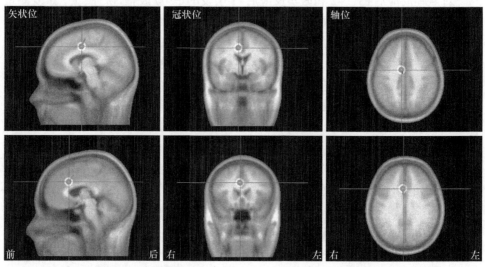

图 3-10　欺骗失败的结果引发的 FRN（上）和 P300（下）的偶极子源定位图

对于欺骗成功的结果引发的 P300，位于 ACC 附近的单个偶极子能够解释绝大多数的变异（位置：$x = 5.8$，$y = 14.2$，$z = 30.3$；残差 6.87%）；将该偶极子叠加到标准磁共振结构像上，可以看出偶极子位于 ACC 喙部附近（图 3-11）。

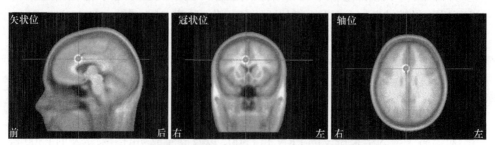

图 3-11　欺骗成功的结果引发的 P300 的偶极子源定位图

4 讨论

从 ERP 波形可以看出，欺骗失败的结果反馈可以在 200~400 ms 引发一个明显的负成分（FRN），其峰潜伏期约为 290 ms；在欺骗成功的结果反馈诱发的 ERP 波中我们基本看不到 FRN，而在 200~400 ms 的时间段表现为明显的 P300，峰潜伏期约为 290 ms；欺骗失败诱发的 FRN 的波幅在额部内侧电极位置最大，P300 波幅的最大位置也在中央额部。说明对欺骗结果的评价加工开始于 200 ms 左右，并且在 290 ms 达到最大化，而且这种加工可能主要位于前部。

源定位分析发现 FRN 的发生源可能位于 ACC，这与许多以前关于奖惩的 ERP 研究一致（Miltner et al., 1997; Gehring and Willoughby, 2002; Holroyd and Coles, 2002），而且在一些奖赏加工的神经成像研究中也观察到了 ACC 的激活，并且发现这个区域对于负性结果比正性结果更敏感（Elliott et al., 2000; Knutson et al, 2000; Delgado et al., 2003）。虽然关于 ACC 和 FRN 的功能目前还没有一个统一的理论解释，但是关于 ACC 的一些奖惩研究认为 FRN 的发生源 ACC 主要的作用是对结果进行好坏评价。对于我们的研究结果，可能的解释是 FRN 反映的或 ACC 进行的评价加工不只是将一个事件简单地评价为好还是坏，还包括由于实际结果与期望不一致引起的认知冲突，因为被试在做出欺骗反应以后，总是期望能够欺骗成功，所以当欺骗失败的反馈出现时，与被试的期望不符，导致被试的心理冲突；而在欺骗成功的情况下，实际结果与被试的期望一致，也就没有认知冲突，因此观察不到明显的 FRN。

最近的研究发现 P300 与奖惩的大小有关，钱越多 P300 波幅越大（Yeung and Sanfey, 2004）。我们的研究结果也观察到了这种现象，诚实反应后得钱、欺骗反应后失钱和欺骗反应后得钱的钱数分别为 1、2、3，因此在 P300 波幅的高度上从低到高也表现为诚实反应后得钱、欺骗反应后失钱和欺骗反应后得钱。但是我们认为 P300 不仅仅反映了对奖赏大小的一种客观的编码加工，它更可能反映的是一种基于奖赏效价（得失）和大小（钱的多少）的情绪加工。所以，在我们的研究中欺骗成功引发的 P300 可能反映了欺骗成功的高兴或喜悦等正性情绪，而欺骗失败引发的 P300 反映了失望、沮丧等负性情绪，并且这种负性情绪发生在期望与现实不一致的认知冲突之后，表现为欺骗失败反馈引发 P300 出现在 FRN 之后，其潜伏期明显长于欺骗成功反馈引发的 P300。但是我们的结果似乎又与以前关于 P300 的情绪研究报道不一致，在这项研究中负性图片比正性图片引发的 P300 波幅更大（Ito et al., 1998）。这可能是因为在我们的研究中，欺骗失败后失钱（–2）的量不如欺骗成功得钱（+3）多，所以这种钱的数量的增多，导致欺骗成功得钱的 P300 波幅增大。除了钱的数量多可能导致 P300 波幅更大，我们不能排除是欺骗成功本身引起的正性情绪诱发的 P300 波幅更大，因为以前有人也发现愉悦刺激比非愉悦刺激诱发更大的皮层正电位（Michalski A., 1999）。

对于 P300 的发生源，目前还没有一致的结果。我们的源定位分析结果显示，P300 的发生源也可能位于 ACC，但与 FRN 的发生源相比，P300 的发生源更靠近 ACC 的喙部。这个结果与近年提出的关于 ACC 的认知和情绪功能分离的观点很类似，这个观点认为 ACC 的两个主要部分执行着不同功能，包括背侧认知部分和喙腹侧情绪部分，这两个亚区分别进行认知信息和情绪信息的加工（Bush et al., 2000）。根据来自于细胞构筑、脑损伤和电生理研究会聚的数据，与不同的连接模式知识及有限数量的脑成像研究结合起来，观察到这两个部分是可以区分的。认知亚区是分布式注意网络的一部分，它与外侧前额叶皮层、顶叶皮层及前运动区和辅助运动区相互连接。已经将各种功能归于 ACC 的背侧认知亚区，包括通过影响感觉或反应选择（或二者）调节注意或执行功能；监测竞争，复杂运动控制，动机，新奇，错误监测和工作记忆；以及认知任务的预期。相反，情感亚区连接到杏仁核、水管周围灰质、伏隔核、下丘脑、前部脑岛、海马和核眶额皮层，并且有输出到自主系统、内脏运动系统和内分泌系统。ACC 的情感亚区主要参与情绪和动机信息的评价及情绪反应的调节。所以，在我们的研究中，欺骗结果反馈诱发的 FRN 和 P300 及它们的发生源可能位于 ACC 的不同部位，很可能从时间和空间上体现了这种认知和情绪加工的分离。

本研究采用偶极子源定位分析方法发现 FRN 和 P300 的发生源可能位于 ACC。然而，应当强调的是，偶极子源分析是一个逆问题，没有唯一解，而且由于源定位固有的局限性，源定位方法只是通过假定的有限几个偶极子试验性地模拟头皮电压分布来定位脑区。因此，应当谨慎考虑偶极子源定位分析结果。此外，近年来的神经成像研究已经发现许多脑区与奖赏的多少有关，包括眶额皮层、杏仁核和腹侧纹状体（Elliott et al., 2000；Knutson et al., 2000；Breiter et al., 2001；Delgado et al., 2003）。很可能这些皮层区共同激活导致我们观察到反映情绪效应 P300 成分。

总之，ERP 成分 FRN 和 P300 都与简单反应的结果评价有关，FRN 可能起源于 ACC，与结果的得失有关，反映了一种实际结果与期望不一致产生的认知冲突；P300 的起源也可能起源于 ACC，但不能排除其他脑区，如杏仁核和腹侧纹状体等皮层下区域，可能反映的是一种基于奖赏效价（得失）和大小（钱的多少）的高级情绪评价加工。

第三节　实验一（简单反应组）与实验二（欺骗组）比较

实验一与实验二的刺激和实验程序完全相同，只是对被试的指导语不同。在实验一中，被试只是按要求进行简单的按键反应，并对反应后的得失钱结果进行评价。而在实验二中，被试认为自己在参与一个与计算机之间的欺骗游戏，因此被试在简单的得失钱之外，在评价结果时可能还带入了自己对结果的欺骗动机以及想欺骗成功的期望，而且在欺骗失败和成功后引发了附加的挫折和喜悦情绪。因此，为了进一步探索结果评价的欺骗成分，我们对实验一和实验二的结果进行比较分析。

1　实验结果比较

从前面的实验结果可以看出这两个实验的 ERP 波形在得钱和失钱及钱的多少方面有

很多的一致性。为了进一步分析该研究的欺骗成分，我们将欺骗失败减成功的差异波与不一致反应后负反馈（失钱）减正反馈（得钱）的差异波进行比较，将欺骗成功减诚实反馈的 ERP 差异波与不一致反应后正反馈减一致反应后正反馈的 ERP 差异波进行比较。

1.1　欺骗失败减成功的差异波与不一致反应后负反馈减正反馈的差异波比较

从波形上（图 3-12）可以看出，在欺骗组中，该差异波的 FRN 和 P300 波幅都比简单反应组高。进一步用三因素重复测量方差分析（ANOVAs）的方法对 FRN 的波幅和潜伏期及 P300 的波幅进行分析。ANOVA 因素为一个组间因素（欺骗组和简单反应组）和两个组内因素（前后电极位置和左中右电极位置）。

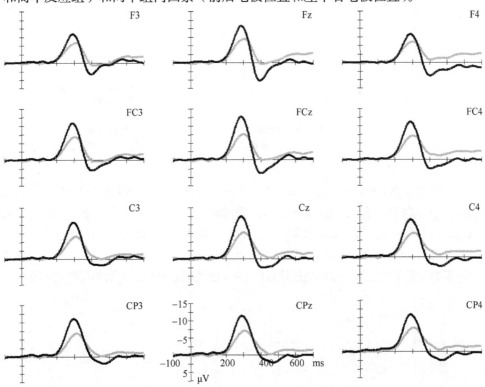

——— 欺骗失败减成功的差异波　　　——— 不一致反应负反馈减正反馈的差异波

图 3-12　欺骗失败减成功的差异波与不一致反应负反馈减正反馈的差异波比较

1.1.1　FRN

ANOVA 结果显示，FRN 波幅的组间效应显著，欺骗组的 FRN 波幅显著高于简单反应组[欺骗组：$-11.85\mu V$；简单反应组：$-8.28\mu V$；$F_{(1, 30)} = 8.20$，$p < 0.01$]。左中右及前后电极位置主效应均显著[$F_{(2, 60)} = 22.89$，$p < 0.001$；$F_{(3, 90)} = 13.77$，$p < 0.001$]。分组与前后电极位置的交互效应边缘显著[$F_{(3, 90)} = $

3.35，$p=0.06$]。分组与左中右电极位置的交互效应不显著；进一步分析结果显示中线电极位置的波幅显著高于左右两侧（$p<0.001$），而左右两侧电极之间波幅没有显著差异，说明FRN波幅没有半球差异（图3-13B）。欺骗组FRN波幅在前后电极位置的分析结果显示波幅在前后电极位置的分布上存在显著差异[$F_{(3, 45)}=10.38$，$p<0.01$]，波幅最大值位于FCz点（−13.82 μV）；简单反应组FRN波幅在前后电极位置的分析结果显示波幅在前后电极位置的分布上差异边缘显著[$F_{(3, 45)}=3.62$，$p=0.058$]，波幅最大值位于Cz点（−9.25 μV）（图3-13A）。

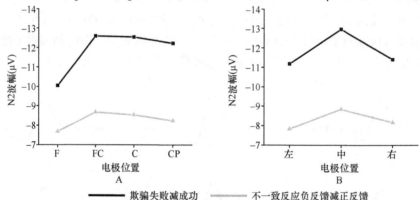

图 3-13　欺骗组中欺骗失败减成功和简单反应组中不一致反应后负反馈减正反馈差异波中FRN在前后电极位置（A）以及左中右电极位置（B）的波幅

　　FRN潜伏期分析结果显示，FRN潜伏期的组间效应显著，简单反应组FRN潜伏期明显长于欺骗组[简单反应组：316.38 ms；欺骗组：291.68 ms；$F_{(1, 30)}=7.53$，$p<0.01$]。左中右电极位置主效应显著[$F_{(2, 60)}=11.45$，$p<0.001$]；前后电极位置主效应及分组与前后和左中右电极位置的交互效应均不显著（图3-14）。进一步分析结果显示欺骗组和简单反应组中左侧电极位置的FRN潜伏期显著长于中线和右侧（$p<0.01$）。

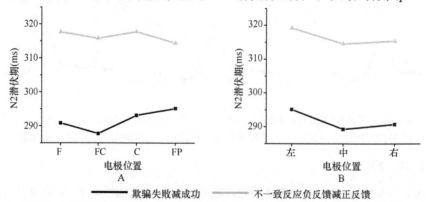

图3-14　欺骗组中欺骗失败减成功和简单反应组中不一致反应后负反馈减正反馈差异波中FRN在前后电极位置（A）以及左中右电极位置（B）的潜伏期

　　从差异波地形图（图3-15）可以看出这种不同实验条件下得失的电压差在时

间上的变化，欺骗失败和成功诱发的 ERP 波之间的差异在 200 ms 左右已经出现，到 260 ms 已经非常明显，而简单反应的得钱和失钱反馈诱发的 ERP 波之间的差异在 230 ms 才出现，到 290 ms 才逐渐明显，并且这种简单的得失钱之间的电压差异远不如欺骗失败和成功之间的差异大。

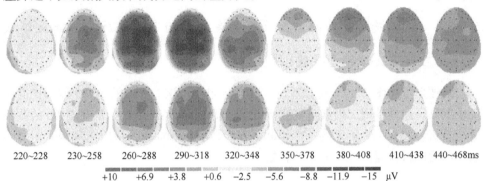

220~228　230~258　260~288　290~318　320~348　350~378　380~408　410~438　440~468ms

+10　+6.9　+3.8　+0.6　-2.5　-5.6　-8.8　-11.9　-15　μV

图 3-15　欺骗失败减成功的差异波与不一致反应负反馈减正反馈的差异波在不同时间的电压分布情况比较（上：欺骗组；下：简单反应组）

1.1.2　P300

P300 波幅的组间效应显著,欺骗组的 P300 波幅显著高于简单反应组[欺骗组：4.42μV；简单反应组：1.20μV；$F_{(1, 30)} = 10.84$，$p < 0.01$]。左中右及前后电极位置主效应均显著[$F_{(2, 60)} = 5.35$，$p < 0.01$；$F_{(3, 90)} = 7.72$，$p < 0.01$]。分组与左中右电极位置的交互效应显著[$F_{(2, 60)} = 5.27$，$p < 0.01$]，但与前后电极位置的交互效应不显著（图 3-16）。进一步分析结果显示，欺骗组中线电极位置的波幅显著高于左侧（$p < 0.05$），而左右两侧电极之间波幅没有显著差异，说明 P300 波幅没有半球差异，P300 波幅最大值位于 Fz 点（6.36 μV）；简单反应组中右侧波幅显著低于左侧和中线（$p < 0.01$），存在半球差异，而中线和右侧电极位置的波幅差异不显著，P300 波幅最大值位于 F3 点（2.38 μV）。

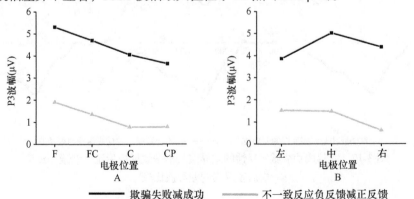

图 3-16　欺骗组中欺骗失败减成功和简单反应组中不一致反应后负反馈减正反馈差异波中 P300 在前后电极位置（A）以及左中右电极位置（B）的波幅

从地形图（图 3-15）也可以看出欺骗失败与成功在 P300 上的差异从 350 ms 左右已经开始出现，在 400 ms 左右达到最大，而且这种差异主要在额部，不具有左右半球差异；而简单反应的失钱和得钱之间的差异在 P300 上的表现非常弱，主要在左侧额部。

1.2 欺骗成功反馈减诚实反馈的差异波与不一致反应后正反馈减一致反应后正反馈的差异波比较

从波形上（图 3-17）可以看出，在欺骗组中，该差异波的 P300 波幅比简单反应组高。进一步用三因素重复测量方差分析（ANOVAs）的方法对 P300 的波幅进行分析。ANOVA 因素为一个组间因素（欺骗组和简单反应组）和两个组内因素（前后电极位置及左中右电极位置）。

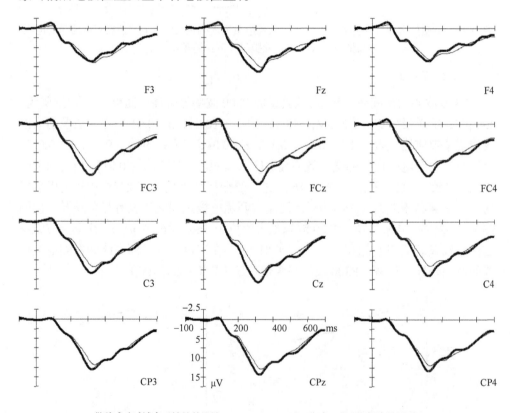

——— 欺骗成功减诚实反馈的差异波   ——— 不一致减一致反应得钱的差异波

图 3-17　欺骗成功减诚实反馈的差异波与不一致反应后正反馈减一致反应后正反馈的差异波比较

结果显示 P300 波幅的组间主效应没有达到显著水平，但分组与前后电极位置的交互效应显著[F（3，90）= 3.71，$p<0.05$]，与左中右电极位置的交互效应边缘显著[F（2，60）= 3.00，$p=0.058$]。进一步的分析发现，在 FCz 点，欺骗组和简单反应组的组间效应达到显著水平，欺骗组显著高于简单反应组[欺骗组：12.88 μV；简单反应组：9.25 μV；F（1，30）= 5.22，$p<0.05$]。

从 P300 的电压分布来看，对于欺骗组，左中右及前后电极位置主效应均显著[F（2，30）= 25.79，$p<0.001$；F（3，45）= 25.61，$p<0.001$]；中线电极位置的波幅显著高于左右两侧（$p<0.001$），而左右两侧电极之间波幅没有显著差异；在中线位置，中央额部电极（FCz 和 Cz）波幅显著高于额部（Fz）和中央顶部（CPz）（$p<0.01$），波幅最大值位于 FCz（12.88μV）。在简单反应组中，左中右及前后电极位置主效应均显著[F（2，30）= 9.80，$p<0.01$；F（3，45）= 11.33，$p<0.01$]；中线电极位置的波幅显著高于左右两侧（$p<0.01$），而左右两侧电极之间波幅没有显著差异；在中线位置，额部电极（Fz）波幅显著低于其他位置（$p<0.05$），波幅最大值位于 Cz（9.96μV）。

由差异波的电压分布图（图 3-18）也可以看出欺骗组中欺骗反应后的正反馈和诚实反应后的正反馈之间的电压差明显高于简单反应组中不一致反应后正反馈和一致反应后正反馈之间的电压差，并且前者的电压差在中央额部最明显，而后者最明显的位置偏后。

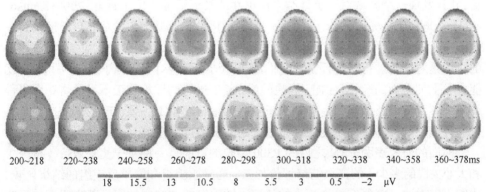

图 3-18　欺骗成功减诚实反馈的差异波与不一致反应后正反馈减一致反应后正反馈的差异波在不同时间的电压分布情况比较（上：欺骗组；下：简单反应组）

2　讨论

实验二是在实验一的基础上，来探索复杂认知活动（如欺骗行为）的结果反馈评价的 ERP 效应。从前面的实验结果可以看出这两个实验的 ERP 波形在得钱和失钱及钱的多少方面有很多的一致性，但是这两个实验条件下的结果反馈诱发的 ERP 还是有明显的不同，并且这种差异主要表现在 FRN 和 P300 上。

为了进一步分析该研究的欺骗成分，我们将欺骗失败减成功的差异波与不一致反应后负反馈（失钱）减正反馈（得钱）的差异波进行比较，结果发现欺骗组的 FRN 波幅显著高于简单反应组，而 FRN 潜伏期又比简单反应组的短；地形图也显示欺骗失败和成功诱发的 ERP 波之间的差异在 200 ms 左右已经出现，到 260 ms 已经非常明显，而简单反应的负反馈和正反馈诱发的 ERP 波之间的差异在 230 ms 才出现，到 290 ms 才逐渐明显，并且这种简单反应后的正负反馈之间的电压差远不如欺骗反应后的正负反馈（成功和失败）之间的差异大。这些发现可能说明 FRN 不仅反映了一种实际结果与期望不一致产生的认知冲突，并且这种冲突的强弱及加工的快慢与被试的动机和行为有关。在简单反应条件下，被试按完键后，期望着得钱的出现，当结果反馈为失钱时，实际结果与期望不一致导致认知上的冲突，因此 FRN 波幅增大；在欺骗组中，被试做出欺骗反应后，期望着成功，所以这种期望不仅是得钱的期望，更是对欺骗成功的期望，或者是对于得钱所代表的欺骗成功的期望，因此看到欺骗失败的结果反馈时，产生的冲突更强，所以 FRN 波幅比简单反应组更大；而且大脑可能对于这种更高级的认知成分或动机的加工更快，所以欺骗组的 FRN 潜伏期要比简单组短。

源定位分析发现 FRN 的发生源可能位于 ACC 背侧尾部，这与许多以前关于奖惩的 ERP 研究一致（ Miltner et al., 1997; Gehring and Willoughby, 2002; Holroyd and Coles, 2002 ），而且在一些奖赏加工的神经成像研究中也观察到了 ACC 的激活，并且发现这个区域对于负性结果比正性结果更敏感（ Elliott et al., 2000; Knutson et al., 2000; Delgado et al., 2003 ）。虽然关于 ACC 和 FRN 的功能目前还没有一个统一的理论解释，但是关于 ACC 的一些奖惩研究认为 FRN 的发生源 ACC 主要的作用是对结果进行好坏评价。我们的研究结果可能对于起源于 ACC 的 FRN 功能有了更加全面的解释，FRN 反映的或 ACC 进行的评价加工不只是将一个事件简单地评价为好还是坏，还包括由于实际结果与期望不一致引起的认知冲突，并且这种冲突的强弱及加工的快慢与被试的动机和行为有关。

前面的研究表明 FRN 之后的 P300 反映的可能是一种基于奖赏效价（得失）和大小（钱的多少）的高级情绪评价加工，通过欺骗组和简单反应组的结果比较，我们可以对这一解释有更加深入的认识。欺骗组的 P300 波幅显著高于简单反应组，并且欺骗失败与成功在 P300 上的差异主要在额部，不具有左右半球差异，而简单反应的正负反馈之间的差异在 P300 上的表现非常弱，主要在左侧额部。说明 P300 所反映的这种得失引起的情绪差异也与被试的反应动机和行为有关，可能在欺骗行为中，不仅包括得失引起的情绪加工，还包括欺骗成功和失败引起正负性情绪加工，并且这种正负性情绪加工的差异可能主要在额部；而在简单反应组中，被试只有得失引起的情绪加工。通过比较欺骗成功减诚实反馈的 ERP 差异波与不一致反应后正反馈减一致反应后正反馈的 ERP 差异波发现，欺骗组中欺骗反应后的正反馈和诚实反应后的正反馈之间的电压差明显高于简单反应组中不一致反应后正反馈和一致反应后正反馈之间的电压差，并且前者的电压差在中央额部最明显，而后者最明显的位置偏后，这些结果可能更进一步说明了 P300 所反映的这种情绪加工也与被试的反应动机和行为有关。

总之，ERP 成分 FRN 和 P300 都与结果反馈评价有关，FRN 可能起源于 ACC 背侧尾部，与结果的得失有关，反映了一种实际结果与期望不一致产生的认知冲突，并且这种冲突的强弱及加工的快慢与被试的动机和行为有关；P300 的起源可能靠近 ACC 喙部，可能反映的是一种高级情绪评价加工，并且这种情绪加工也与被试的反应动机和行为有关。

第四节　实验三：交互式欺骗任务中结果评价的 ERP 效应

1　实验目的

基于前面实验的结果，进一步通过模拟扑克牌游戏的实验任务，探索欺骗成功与欺骗失败、被信任与被冤枉及被骗等各种心理动机成分在结果评价过程中的作用。

2　实验方法

2.1　被试

16 名来自北京某大学的在校大学生和硕士研究生参加了本实验，所有被试均为右利手、视力正常或矫正后正常，均为首次参加心理学实验。由于有 3 名被试的实验结果不符合实验要求（见下文），2 名被试的 EEG 在记录过程中由于仪器出现问题导致数据不能用，所以最后用于结果分析的被试有 11 名（4 男 7 女），年龄 18～24 岁（平均 21 岁）。

2.2　刺激及实验程序

被试坐于屏蔽室内一张舒适的椅子上，两眼注视屏幕中心，眼睛据屏幕中心80cm。刺激在屏幕上的呈现由 Eprime 刺激系统控制。实验程序如图 3-19 所示，我们给被试的指导语是：

您将与另一名同学同时进行该项实验，他/她在您隔壁的房间里，你们的计算机是联网的，你们将按下面的规则玩一个扑克牌游戏，在你们玩这个游戏的过程中，我们要记录你们的脑电活动。

你们每个人将在游戏中看到 1、2、3、4、6、7、8、9 这八个数字，每个数字分别代表相应大小的一张牌。所以，在这八张牌中，四张比 5 小，另外四张比 5 大。

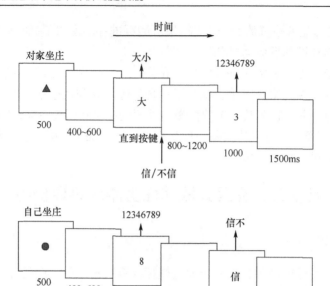

图 3-19 扑克牌游戏任务

轮到对家坐庄：

首先，屏幕中央会出现一个▲，说明是对家坐庄；接着屏幕中央会出现一个"大"或"小"，说明对家告诉你他拿的这张牌比 5 大或比 5 小，对家可能说的是实话，但也有可能是在骗你，这时你要判断他是诚实的，还是在撒谎，也就是相信还是不相信他说的，如果你认为他是诚实的，相信他说的，用右手示指按左键；如果你认为他在骗你，不相信他说的，用右手环指按右键（左键代表相信，右键代表不相信）。按完键后，对家就会翻牌，你就可以看到他拿的是张什么牌。

如果对家先告诉你是张比 5 大的牌，若你相信了他：结果翻牌后果真是张大牌，你将得 1 分；但如果翻牌后是张小牌，你就被骗了，你将减 1 分。若你不信他：结果翻牌后是张大牌，那么你就冤枉了对方，你将减 1 分；但如果翻牌后是张小牌，那么你就抓住了对方在骗你，你将得 1 分。

轮到自己坐庄：

首先，屏幕中央会出现一个●，说明这轮是你自己坐庄。接着屏幕中央会出现一张牌，这时你要决定是诚实还是欺骗对方。左键代表小牌，右键代表大牌。如果你打算如实告诉对方，你就按相应的键，即小牌按左键，大牌按右键；如果你想骗对方，那么小牌按右键，这时对方会看到一个"大"字，大牌按左键，这时对方会看到一个"小"字。接着对方会告诉你他信不信你说的，如果他相信，屏幕中间会出现一个"信"字，若不相信，屏幕中间会出现一个"不"字。

如果你拿的是张大牌，你诚实地告诉对方这是一张大牌：若对方相信了，那么你就得 1 分；若对方不相信，那么你就是被冤枉了，这时会给你减去 1 分。若你骗对方，告诉对方你拿的是张小牌：若对方相信了，那么你就欺骗成功了，这时你会得 1 分；若对方不相信，那么你就欺骗失败了，这时会给你减去 1 分。

整个游戏共分 13 组，每组中你和对家轮流坐庄，每人坐庄 32 次。这个实验的基本报酬是 10 元，再加上您最后的得分，1 分等于 1 元。如果您的最后得分是负数，我们仍然会给您 10 元的报酬，不会再从这个基本报酬中减钱。

为了避免被试信与不信，诚实与欺骗的比例相差太大，我们要求被试在整个实验过程中尽量控制信与不信，诚实与欺骗的次数差不多，若比例超过 2:1，我们告诉被试会从他/她最后的总分中减去一些分数。此外，为了防止被试不关心每次的结果或不明白每次结果所代表的意义，我们要求关注自己每轮是得分还是减分，以及为什么得分，为什么减分，并且在每组结束的时候告诉我们估计本组他/她自己得分多还是失分多，以及在什么情况下得分多、什么情况下失分多。

以上是我们给被试的指导语，实际的情况是被试自己一个人根据我们设计的程序做这个实验。所以，在对家坐庄时，对家所告诉的大或小及 8 个数字是随机呈现的；而自己坐庄时，不管被试做诚实反应还是欺骗反应，对家所告诉的信或不信也是随机出现的。此外，实验结束以后我们要求被试判断对家是男生还是女生，以确定被试是否认为自己是在与另一名被试玩这个游戏，若有被试认为自己不是在与人玩，而是与机器玩，这样的被试数据将不参加结果分析。

2.3 ERP 记录

实验仪器为 Neuroscan ERP 工作站。记录电极固定于 64 导联电极帽中。以双侧乳突为参考电极点。位于左眼上下眶的电极记录垂直眼电（VEOG），位于左右眼角外 1 cm 处的电极记录水平眼电（HEOG）。头皮与电极之间的阻抗小于 5 kΩ。信号经放大器放大，记录连续 EEG，滤波带通为 0.05～100 Hz，采样频率为每导 500 Hz，离线式（off - line）叠加处理。自动矫正眨眼伪迹。其他原因造成的伪迹使脑电电压超过 ±100 μV 的脑电事件被去除。

2.4 ERP 数据分析和统计

对反馈出现前 100 ms 至出现后 700 ms 的脑电进行分析，以反馈出现前 100 ms 作为基线。对自己坐庄和对家坐庄时各种结果反馈引发的脑电分别进行叠加和平均。

选择以下的 12 个电极位置记录的 ERP 用于统计分析：Fz，FCz，Cz，CPz，F3，FC3，C3，CP3，F4，FC4，C4，CP4。本文主要测量并分析 FRN 和 P300。对于 FRN，在以上电极位置测量 200～350 ms 的平均波幅；对于 P300，选择 300～450 ms 的时间窗口测量波幅（基线到波峰）和潜伏期。

用四因素重复测量方差分析（ANOVAs）的方法对 FRN 的平均波幅和 P300 进行分析。ANOVA 因素为态度[2 个水平：诚实与欺骗（自己坐庄）或相信与不信（对家坐庄）]，得失（2个水平：得钱和失钱），前后电极位置（额部 F，额中央部 FC，中央部 C，中央顶部 CP）及左中右电极位置（3＝左侧；z＝中线；4＝右侧）。所有的分析都采用 Greenhouse-Geisser 法矫正 *p* 值。

3 实验结果

3.1 数据剔除标准

在本实验中，有 3 名被试认为自己是与机器在玩游戏，所以他们的数据不参与最后的结果分析。

3.2 行为结果

对家坐庄时，被试相信对家与不相信对家的平均次数比例（±标准差）为：信/不信=1.09±0.33；相信时的平均反应时间为 953.420±375.09 ms，不相信时的平均反应时间为 964.863±411.27 ms；相信与不相信的反应时之间没有显著性差异。自己坐庄时，被试做诚实反应和欺骗反应的平均次数比例为：诚实/欺骗=1.84±1.23；诚实反应的平均反应时间为 885.31±336.30 ms，欺骗反应的平均反应时间为 972.76±395.40 ms；欺骗反应比诚实反应的反应时间更长[t（10）=2.25，p = 0.048]。

3.3 ERP 结果

自己坐庄和对家坐庄时的结果反馈诱发的 ERP 波如图 3-20 所示，可见不同结果诱发的 ERP 差异主要表现在 FRN 和 P300 上，我们在下文将对这两个成分在自己坐庄和对家坐庄时的情况分别进行详细的分析。

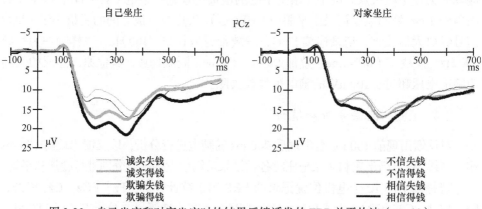

图 3-20 自己坐庄和对家坐庄时的结果反馈诱发的 ERP 总平均波（n = 11）

3.3.1 自己坐庄

1）FRN

从 ERP 波形图（图 3-21）可以看出，各种结果反馈在 200～350 ms 引发一个明显的负成分，我们称其为 FRN。与得钱相比，失钱时诱发的 FRN 波幅更大，而且在不同的得钱或失钱情况下，FRN 波幅的高度也不同。在结果反馈引发的 ERP 波的 200～350 ms 测量该成分的平均波幅并进行统计分析。

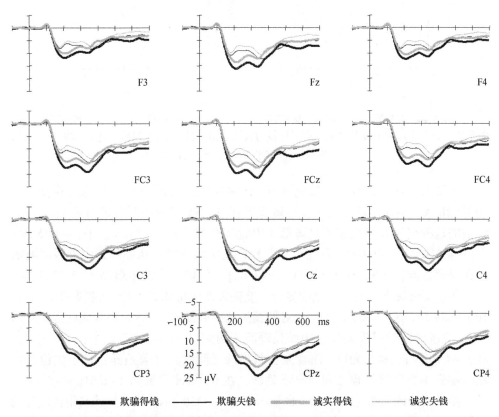

图 3-21　自己坐庄时欺骗和诚实反应后得钱与失钱反馈诱发的 ERP 总平均波（$n = 11$）

重复测量的 ANOVA 结果显示该成分的欺骗诚实主效应显著，诚实结果比欺骗结果诱发的 FRN 波幅在负方向上更大[$F(1, 10) = 13.56$, $p < 0.01$]；得失主效应显著，失钱比得钱诱发的 FRN 波幅更大[$F(1, 10) = 38.68$, $p < 0.001$]；左中右及前后电极位置主效应均显著[$F(2, 20) = 21.77$, $p < 0.001$；$F(3, 30) = 40.84$, $p < 0.001$]；诚实欺骗与得失的交互效应不显著（图 3-22）。在得钱情况下，诚实得钱比欺骗得钱的 FRN 波幅更高[$F(1, 10) = 6.91$, $p < 0.05$]；在失钱情况下，诚实失钱比欺骗失钱的 FRN 波幅更高[$F(1, 10) = 12.57$, $p < 0.01$]。

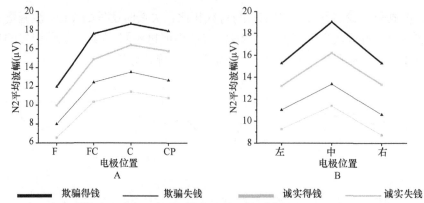

图 3-22 自己坐庄时欺骗和诚实反应后得钱与失钱反馈诱发的 FRN 在前后电极位置（A）以及左中右电极位置（B）的平均波幅

在诚实情况下，得失主效应显著，诚实失钱比得钱的 FRN 波幅更高[$F_{(1, 10)} = 28.10$, $p < 0.001$]。进一步对诚实失钱减得钱 ERP 差异波的分析显示 FRN 波幅的这种得失差异在左侧显著低于中线和右侧[左：$-3.94\mu V$；中：$-4.85\mu V$；右：$-4.61\mu V$；$p < 0.05$]，存在半球差异；在中线位置，从额部到中央后部波幅存在显著差异[$F_{(3, 30)} = 4.03$, $p < 0.05$]，在 CPz 点波幅最高（$-5.25\mu V$）。

在欺骗情况下，得失主效应显著，欺骗失钱比得钱的 FRN 波幅更高[$F_{(1, 10)} = 29.19$, $p < 0.001$]。进一步对欺骗失败减欺骗成功 ERP 差异波的分析显示 FRN 波幅的这种得失差异在中线显著高于两侧[左：$-4.26\mu V$；中：$-5.67\mu V$；右：$-4.70\mu V$；$p < 0.001$]，而在左右两半球之间没有显著差异；在中线位置，从额部到中央后部波幅之间差异不显著，在 Cz 点波幅最高（$-6.01\mu V$）。

差异波的地形图（图 3-23）也显示在 250~350 ms，诚实失钱与得钱之间的电压差存在明显的右半球优势，而欺骗失钱与得钱之间的电压差没有这种左右半球差异。

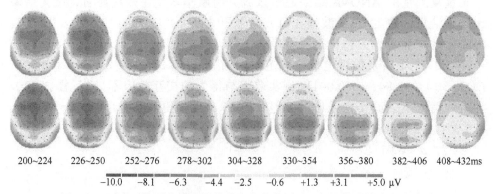

图 3-23 诚实反应后失钱减得钱的电压分布图（上）和欺骗反应后失钱减得钱的电压分布图（下）

2）P300

从 ERP 波形图（图 3-21）可以看出，在紧接着 FRN 之后有一个明显的 P300，峰潜伏期约为 340 ms，与失钱相比，得钱时诱发的 P300 波幅更大；而相对于其他条件，欺骗成功时诱发的 P300 波幅最大。测量 P300 的波幅和潜伏期并进行统计分析。

重复测量的 ANOVA 结果显示 P300 波幅的欺骗诚实主效应显著，欺骗结果比诚实结果诱发的 P300 波幅更大[$F_{(1, 10)} = 10.13$，$p < 0.05$]；得失主效应显著，得钱比失钱诱发的 P300 波幅更大[$F_{(1, 10)} = 43.91$，$p < 0.001$]；左中右及前后电极位置主效应均显著[$F_{(2, 20)} = 27.47$，$p < 0.001$；$F_{(3, 30)} = 74.06$，$p < 0.001$]；诚实欺骗与得失的交互效应不显著（图 3-24A、B）。在得钱情况下，欺骗得钱比诚实得钱的 P300 波幅更高[$F_{(1, 10)} = 11.35$，$p < 0.01$]；在失钱情况下，欺骗失钱比诚实失钱的 P300 波幅更高[$F_{(1, 10)} = 6.32$，$p < 0.05$]。在诚实情况下，得失主效应显著，诚实得钱比失钱的 P300 波幅更大[$F_{(1, 10)} = 12.58$，$p < 0.01$]；在欺骗情况下，得失主效应显著，欺骗得钱比失钱的 P300 波幅更大[$F_{(1, 10)} = 42.98$，$p < 0.001$]。

进一步分析显示，诚实条件下，P300 波幅在中线电极位置显著高于左右两侧（左：14.69μV；中：17.75μV；右：14.62μV；$p < 0.001$），没有明显的左右半球差异；对诚实时得钱和失钱诱发的 P300 波幅在中线电极位置分析显示 Cz 和 CPz 点的波幅显著高于 Fz 和 FCz 点（$p < 0.01$），最大波幅位于 CPz 点（得钱：21.66μV；失钱：19.07μV）。在欺骗条件下，P300 波幅在中线电极位置显著高于左右两侧（左：16.78μV；中：20.52μV；右：16.87μV；$p < 0.001$），没有明显的左右半球差异；对欺骗时得钱诱发的 P300 波幅在中线电极位置分析显示 Cz 和 CPz 点的波幅显著高于 Fz 和 FCz 点（$p < 0.05$），最大波幅位于 CPz 点（24.92μV）；欺骗时失钱诱发的 P300 波幅在中线电极位置分析显示 Fz 点波幅显著低于其他位置（$p < 0.001$），最大波幅位于 Cz 点（21.14μV）。失钱减得钱差异波的地形图显示（图 3-23）在 350 ms 左右，欺骗失钱与得钱之间的电压差高于诚实失钱与得钱之间的电压差。

对 P300 潜伏期的分析结果显示，该成分的欺骗诚实主效应不显著，说明欺骗与诚实结果诱发的 P300 潜伏期没有明显差别；得失主效应显著，失钱比得钱诱发的 P300 潜伏期更长[得钱：349 ms；失钱：374 ms；$F_{(1, 10)} = 5.40$，$p < 0.05$]；诚实欺骗与得失的交互效应不显著；左中右电极位置和前后电极位置主效应以及诚实欺骗和得失与左中右电极位置和前后电极位置的交互效应均不显著，说明 P300 潜伏期在各电极的变化不大。进一步分析发现，在诚实条件下，得失主效应显著，失钱比得钱诱发的 P300 潜伏期更长[得钱：347 ms；失钱：375 ms；$F_{(1, 10)} = 5.08$，$p < 0.05$]；而在欺骗条件下，得失主效应与电极位置的交互效应均不显著，说明在欺骗条件下失钱的 P300 潜伏期并不比得钱长（图 3-24C、D）。各种结果反馈诱发的 P300 在 CPz 点的平均潜伏期为：诚实得钱：348 ms；诚实失钱：

379 ms；欺骗得钱：354 ms；欺骗失钱：379 ms。

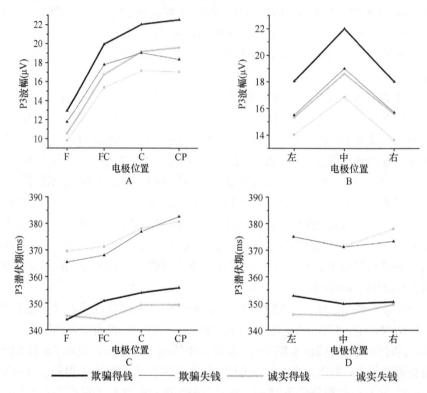

图3-24　自己坐庄时欺骗和诚实反应后得钱与失钱反馈诱发的P300在前后电极位置（A、C）
及左中右电极位置（B、D）的波幅（A、B）及潜伏期（C、D）

3）小结

从 ERP 波形可以看出，在被试自己坐庄时，各种结果引发的 ERP 差异主要表现在 FRN 和 P300 上。对于 FRN，不管是得钱还是失钱，诚实反应结果比欺骗反应结果诱发的 FRN 波幅在负方向上更大；而不论是欺骗还是诚实反应，失钱都比得钱诱发的 FRN 波幅更大。但是对诚实失钱减得钱 ERP 差异波的分析显示 FRN 波幅的这种得失差异在左侧显著低于中线和右侧，存在半球差异；在中线位置，从额部到中央后部波幅存在显著差异，在 CPz 点波幅最高。而对欺骗失败减欺骗成功 ERP 差异波的分析显示 FRN 波幅的这种得失差异在中线位置显著高于两侧，而在左右两半球之间没有显著差异；在中线位置，从额部到中央后部波幅之间差异不显著，在 Cz 点波幅最高。差异波的地形图也显示在 250～350 ms，诚实失钱与得钱之间的电压差存在明显的右半球优势，而欺骗失钱与得钱之间的电压差没有这种左右半球差异。

对于 P300，不管是得钱还是失钱，欺骗反应结果比诚实反应结果诱发的 P300

波幅更大；而不论是欺骗还是诚实反应，得钱比失钱诱发的 P300 波幅更大。失钱减得钱差异波的地形图显示，在 350 ms 左右欺骗失钱与得钱之间的电压差高于诚实失钱与得钱之间的电压差，主要位于中央额部。对 P300 潜伏期的分析结果显示，在诚实条件下，失钱比得钱诱发的 P300 潜伏期更长；而在欺骗条件下，失钱的 P300 潜伏期并不比得钱长。

3.3.2　对家坐庄

1）FRN

从 ERP 波形图（图 3-25）可以看出，对家坐庄时各种结果反馈也在 200～350 ms 引发一个明显 FRN。重复测量的 ANOVA 结果显示该成分的信与不信主效应显著，不相信的结果比相信结果诱发的 FRN 波幅在负方向上更大[$F(1, 10) = 40.68$，$p < 0.001$]；得失主效应显著，失钱比得钱诱发的 FRN 波幅更大[$F(1, 10) = 13.50$，$p < 0.01$]；态度信或不信与得失的交互效应显著[$F(1, 10) = 10.09$，$p < 0.01$]；左中右及前后电极位置主效应均显著[$F(2, 20) = 15.00$，$p < 0.001$；$F(3, 30) = 24.69$，$p < 0.001$]；态度与左中右电极位置的交互效应显著[$F(2, 20) = 9.43$，

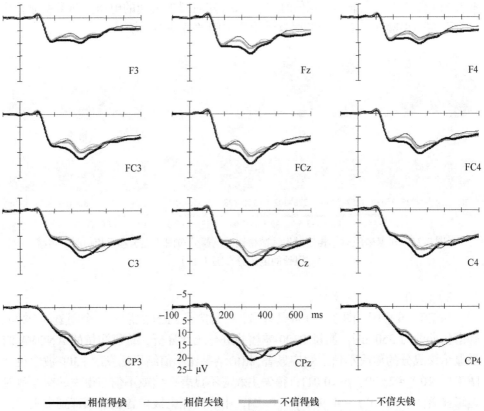

图 3-25　对家坐庄时相信和不相信时得钱与失钱反馈诱发的 ERP 总平均波（$n = 11$）

$p<0.001$]，与前后电极位置的交互效应也显著[$F_{(3, 30)} = 4.88$，$p<0.05$]；得失分别与左中右电极位置和前后电极位置的交互效应显著[$F_{(2, 20)} = 10.53$，$p<0.001$；$F_{(3, 30)} = 9.13$，$p<0.01$]。

进一步分析显示，在得钱情况下，态度主效应显著，不信时得钱比相信时得钱诱发的 FRN 波幅在负方向上更大[$F_{(1, 10)} = 33.58$，$p<0.001$]；而在失钱情况下，态度主效应不显著，说明不信时失钱诱发的 FRN 波幅并不比相信时失钱大。对相信与不相信条件下得钱与失钱的进一步分析显示，在相信条件下，得失主效应显著[$F_{(1, 10)} = 18.02$，$p<0.01$]，失钱比得钱诱发的 FRN 波幅更高；而在不相信条件下，失钱与得钱的 FRN 波幅没有显著差异。

进一步对信与不信条件下失钱减得钱的差异波分析显示，相信时失钱与得钱电压差显著高于不信时失钱与得钱的电压差[$F_{(1, 10)} = 10.09$，$p<0.01$]。对相信时失钱减得钱 ERP 差异波的分析显示 FRN 波幅的峰潜伏期约为 290 ms，这种得失差异在中线显著高于两侧[左：$-2.06\mu V$；中：$-2.83\mu V$；右：$-2.22\mu V$；$p<0.01$]，而在左右两半球之间没有显著差异；在中线位置，前后电极位置波幅存在显著差异[$F_{(3, 30)} = 8.07$，$p<0.01$]，在 FCz 点波幅最高（$-3.20\mu V$）。差异波地形图（图 3-26）也显示，相信时在 290 ms 左右得失之间的电压差非常明显，并且主要在中央额部，而不相信时这种得失之间的电压差不明显。

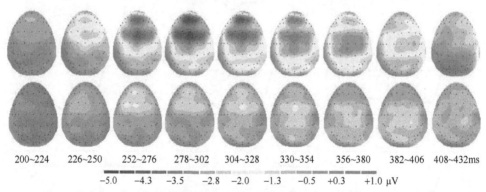

| 200~224 | 226~250 | 252~276 | 278~302 | 304~328 | 330~354 | 356~380 | 382~406 | 408~432ms |

-5.0   -4.3   -3.5   -2.8   -2.0   -1.3   -0.5   +0.3   +1.0 µV

图 3-26　对家坐庄时，相信时失钱减得钱的电压分布图（上）和不相信时失钱减得钱的电压分布图（下）

2）P300

从 ERP 波形图（图 3-25）可以看出，在紧接着 FRN 之后有一个明显的 P300，峰潜伏期约为 350 ms。测量 P300 波幅并进行统计分析，重复测量的 ANOVA 结果显示该成分的信或不信主效应显著，相信结果比不信结果诱发的 P300 波幅更大[$F_{(1, 10)} = 23.99$，$p<0.01$]；得失主效应不显著；信或不信与得失的交互效应边缘显著[$F_{(1, 10)} = 4.99$，$p = 0.05$]；中线两侧电极位置及从额部到中央后部电极位置主效应均显著[$F_{(2, 20)} = 20.04$，$p<0.001$；$F_{(3, 30)} = 60.11$，$p<$

0.001]；信或不信与左中右电极位置的交互效应显著[$F_{(2, 20)} = 5.00$, $p < 0.05$]，与前后电极位置的交互效应显著[$F_{(3, 30)} = 6.19$, $p < 0.01$]；得失与左中右电极位置及前后电极位置的交互效应均不显著。

进一步分析显示，在得钱情况下，态度主效应显著，相信时得钱比不相信时得钱诱发的 P300 波幅更大[$F_{(1, 10)} = 24.48$, $p < 0.01$]；在失钱情况下，态度主效应显著，相信时失钱比不相信时失钱诱发的 P300 波幅更大[$F_{(1, 10)} = 11.59$, $p < 0.01$]。

在相信条件下，P300 波幅的得失主效应显著，得钱的 P300 波幅显著高于失钱[$F_{(1, 10)} = 6.43$, $p < 0.05$]；P300 波幅在中线电极位置显著高于左右两侧（左：16.53μV；中：19.26μV；右：15.64μV；$p < 0.001$），没有明显的左右半球差异；对相信时得钱诱发的 P300 波幅在中线电极位置分析显示 Fz 点的波幅显著低于其他电极位置（$p < 0.001$），最大波幅位于 Cz 点（得钱：22.48μV）；失钱诱发的 P300 波幅在中线电极位置分析显示 Cz 和 CPz 点的波幅显著高于 Fz 和 FCz 点（$p < 0.05$），最大波幅位于 CPz 点（21.26μV）。

在不相信条件下，P300 波幅的得失主效应不显著，说明在不相信条件下得钱诱发的 P300 波幅不比失钱大；在中线电极位置显著高于左右两侧（左：14.65μV；中：17.18μV；右：14.17μV；$p < 0.001$），没有明显的左右半球差异；不相信时得钱失钱诱发的 P300 波幅在中线电极位置分析显示 Fz 点波幅显著低于其他位置（$p < 0.001$），最大波幅位于 CPz 点（得钱：19.40μV；失钱：19.12μV）。失钱减得钱的差异波地形图（图 3-26）也显示，相信时在 350 ms 左右得失之间的电压差非常明显，并且主要在中央部，而不相信时这种得失之间的电压差不明显。

P300 潜伏期的分析结果显示，信或不信主效应、得失主效应、二者的交互及与电极位置的交互效应均不显著，说明对家坐庄时结果反馈诱发的 P300 潜伏期没有明显差异。

3）小结

从 ERP 波形图可以看出，对家坐庄时各种结果反馈也在 200~350 ms 引发一个明显 FRN。在相信条件下，失钱比得钱诱发的 FRN 波幅更高；而在不相信条件下，失钱与得钱的 FRN 波幅没有显著差异。在得钱情况下，不相信时得钱比相信时得钱诱发的 FRN 波幅在负方向上更大；而在失钱情况下，不相信时失钱诱发的 FRN 波幅并不比相信时失钱大。对信与不信条件下失钱减得钱的差异波分析显示，相信时失钱与得钱电压差显著高于不相信时失钱与得钱的电压差。对相信时失钱减得钱 ERP 差异波的分析显示 FRN 波幅的峰潜伏期约为 290 ms，这种得失差异在中线显著高于两侧，而在左右两半球之间没有显著差异；在中线位置，前后电极位置波幅存在显著差异，在 FCz 点波幅最高。差异波地形图也显示，相信时在 290 ms 左右得失之间的电压差非常明显，并且主要在中央额部，而不相信时这种得失之间的电压差不明显。

从 ERP 波形图可以看出，在紧接着 FRN 之后有一个明显的 P300，峰潜伏期约为 350 ms。在相信条件下，得钱的 P300 波幅显著高于失钱；而在不相信条件下，得钱诱发的 P300 波幅不比失钱大。而不管在得钱还是失钱情况下，相信时比不相信时诱发的 P300 波幅更大。失钱减得钱的差异波地形图也显示，相信时在 350 ms 左右得失之间的电压差非常明显，并且主要在中央部，而不相信时这种得失之间的电压差不明显。P300 潜伏期在得失及信与不信之间没有明显差异。

4　讨论

本实验我们设计了一个扑克牌游戏任务，进一步研究被试在交互式欺骗行为中结果评价的神经机制。从 ERP 波形中，我们观察到了结果评价的 FRN 和 P300 效应，不仅重复了前面实验的结果，而且由于被试在该实验中的各种动机成分，进一步丰富了我们对 FRN 和 P300 的理解。

从 ERP 波形可以看出，各种结果反馈可以在 250～350 ms 诱发一个负成分（FRN）。在被试自己坐庄时，FRN 对于得失和被试的动机或行为都比较敏感，表现为不管是得钱还是失钱，诚实反应结果比欺骗反应结果诱发的 FRN 波幅在负方向上更大；而不论是欺骗还是诚实反应，失钱都比得钱诱发的 FRN 波幅更大。地形图显示诚实失钱与得钱之间的电压差存在明显的右半球优势，而欺骗失钱与得钱之间的电压差没有这种左右半球差异。而在对家坐庄时，FRN 对于得失和被试的动机或行为的敏感性下降，表现为在相信条件下，失钱比得钱诱发的 FRN 波幅更高；而在不相信条件下，失钱与得钱的 FRN 波幅没有显著差异。在得钱情况下，不相信时得钱比相信时得钱诱发的 FRN 波幅在负方向上更大；而在失钱情况下，不相信时失钱诱发的 FRN 波幅并不比相信时失钱大。信与不信条件下失钱减得钱的差异波分析显示，相信时失钱与得钱电压差显著高于不相信时失钱与得钱的电压差。差异波地形图也显示，相信时在 290 ms 左右得失之间的电压差非常明显，并且主要在中央额部，而不相信时这种得失之间的电压差不明显。这可能说明不同的动机或行为影响着被试对于结果的期望，反映了在失钱情况下冲突的强弱所表现 FRN 波幅的高低。在被试自己坐庄时，诚实反应结果比欺骗反应结果诱发的 FRN 波幅更大，可能说明被试对于取得对家的信任比欺骗对家成功的动机更强。而在对家坐庄时，被试对信任对家而得钱的期望比不信任可能更强。

对于 P300，在自己坐庄时，P300 对于得失和被试的动机都比较敏感，表现为不管是得钱还是失钱，欺骗反应结果比诚实反应结果诱发的 P300 波幅更大；而不论是欺骗还是诚实反应，得钱比失钱诱发的 P300 波幅更大。失钱减得钱差异波的地形图显示，欺骗失钱与得钱之间的电压差高于诚实失钱与得钱之间的电压差，主要位于中央额部。可能说明被试对于欺骗结果的情绪体验更强，欺骗成功的喜悦强于被信任的喜悦，欺骗失败的沮丧强于被冤枉的失望。在对家坐庄时，被试对于得失的敏感性降低，表现为在相信条件下，得钱的 P300 波幅显著高于失钱；而在不信条件下，得钱诱发的 P300 波幅不比失钱大。失钱减得钱的差异波地形图也显示，相信时得失之间的电压差非常明显，并且主要在中央部，而不相信时这种得失之间的电压差不明显。P300 波幅对于被试动机仍然比较敏感，表现为不管在得钱还是失钱情况下，相信时比不相信时诱发的 P300 波幅更大。可能说明被试对于信任对家结果的情绪体验更强，信任对家得钱的喜悦强于抓住对家骗自己的喜悦，被骗的失望或气愤强于冤枉对家的沮丧。

第四章 研究二：赌博行为结果评价的神经机制

【研究背景】

用赌博行为来研究结果评价的神经机制是目前广泛采用的一种范式。在第一章文献综述部分我们已经对这方面的研究做了比较详细的介绍。以前的这些研究确定了两个奖赏加工的 ERP 相关成分——FRN 和 P300，并且初步提出 FRN 与结果的效价（得失）有关，而 P300 与奖赏的多少有关，但是关于它们的认知和神经加工机制仍然不清楚。

目前，大多数用赌博任务研究结果评价的实验采用的都是比较简单的任务，在这些实验任务中，被试对于赌博的结果不可预测。但是在现实生活中（如决策领域），人类对于自身做出某种行为的结果常常会有一定的预测。因此，在本研究中我们采用了一个不同输赢概率条件下的赌博任务来进一步研究结果评价相关 ERP 成分的意义。

【研究目的】

考察赌博行为中结果评价的神经机制。

实验四：不同输赢概率条件下赌博任务中结果评价的 ERP 效应

1 实验目的

探索在不同输赢概率条件下赌博任务中赢钱和输钱引起的大脑反应。

2 实验方法

2.1 被试

24 名来自北京某大学的在校大学生和硕士研究生（13 女），年龄 18～28 岁（平均 21 岁）。所有被试均为右利手、视力正常或矫正后正常。

2.2 刺激及实验程序

刺激材料参见本章末附。被试坐于屏蔽室内一张舒适的椅子上，两眼注视屏幕中心，眼睛据屏幕中心 60cm。刺激在屏幕上的呈现由 Eprime 刺激系统控制。如图 4-1 所示：屏幕中间先呈现一个饼图，这个饼图表示的是对于这次赌博的可能的结果以及它们的可能性。举例说明如下：

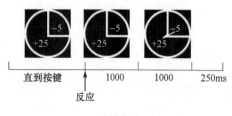

直到按键　　1000　　1000　　250ms

反应

图 4-1　赌博任务示意图

当被试看到一个饼图时, 说明有 75% 的可能性结果将是 +25, 25% 的可能性结果将是 –5, +25 代表加 25 分, –5 代表减 5 分。

当饼图出现时, 被试需要做出决策: 决定是否要赌博。如果要, 按左键; 如果不要, 按右键。左右键在被试间做了平衡。

按完键 1s 后, 一个箭头将会出现在饼图的中央。箭头所指的方向说明在这次任务中哪个值被选择, 这种选择是由计算机随机进行的。如果被试的反应是 "要", 那么她/他赢或输掉所示数量的钱。如果被试的反应是 "不要", 那么报酬不受这次结果的影响。

该项实验共有 20 组, 每组有 60 个试次。每组约 5min, 总共约 100min。被试的报酬是每小时 8 元再加最后的奖金。如果被试赌的很差, 最后是一个负的奖金, 我们仍然会给每小时 8 元的报酬, 不会再从这个报酬中减去输的钱。

2.3　ERP 记录

实验仪器为 NeuroScan ERP 工作站。记录电极固定于 64 导联电极帽中。以双侧乳突为参考电极点。位于左眼上下眶的电极记录垂直眼电 (VEOG), 位于左右眼角外 1 cm 处的电极记录水平眼电 (HEOG)。头皮与电极之间的阻抗小于 5 kΩ。信号经放大器放大, 记录连续 EEG, 滤波带通为 0.05～100 Hz, 采样频率为每导联 500 Hz, 离线式 (off-line) 叠加处理。自动矫正眨眼伪迹。其他原因造成的伪迹使脑电电压超过 ±100 μV 的脑电事件被去除。

2.4　ERP 数据分析和统计

对箭头出现前 200 ms 至箭头出现后 800 ms 的脑电进行分析, 以箭头出现前 200 ms 作为基线。对得钱、失钱及得失多少等各种条件引发的脑电分别进行叠加和平均。选择以下的 12 个电极位置记录的 ERP 用于统计分析: Fz, FCz, Cz, CPz, F3, FC3, C3, CP3, F4, FC4, C4, CP4。本文主要测量并分析 FRN 和 P300。对于 FRN, 在以上电极位置测其 220～370 ms 的平均波幅; 对于 P300, 测量峰峰值 (FRN 波峰到 P300 波峰的距离) 为其波幅值。

我们首先采用四因素重复测量方差分析 (ANOVAs) 的方法对赌与不赌时的结果引发的 FRN 和 P300 的波幅进行分析。ANOVA 因素为得失 (2 个水平: 得和失), 多少 (2 个水平: 多和少), 前后电极位置 (额部 F, 额中央部 FC, 中央部 C, 中央顶部 CP) 及左中右电极位置 (3 = 左侧; z = 中线; 4 = 右侧)。其次, 我们分析了不同输赢概率条件下被试选择赌或不赌时的结果引发的 FRN 和 P300 的波幅。所有的分析都采用 Greenhouse-Geisser 法矫正 p 值。

2.5　ERP 源分析

用 BESA 5.0 对被试选择赌的情况下失 25 和赢的概率为 75% 时选择赌而失钱的

结果反馈引发的 FRN 和 P300 进行偶极子源定位分析。偶极子源定位对噪声非常敏感，因此为了得到最大的信噪比，我们采用总平均 ERP 波。在本研究中，我们尝试在四壳椭球体模型中重建 FRN 和 P300 的源，头的半径为 85 mm，头皮、颅骨和脑脊液的厚度分别为 6 mm、7 mm 和 1 mm；各部分的电导率分别为脑组织 0.33 mΩ^{-1}、脑脊液 1.00 mΩ^{-1}、颅骨 0.0042 mΩ^{-1}、头皮 0.33 mΩ^{-1}。为了估计偶极子源的位置与脑的解剖结构和 fMRI 激活区的关系，我们将从总平均 ERP 数据计算得到的偶极子坐标投射到 BESA 自带的标准 MRI 头像上，在结果中描述偶极子位置的三维坐标以 Talairach 坐标系为参考。

3 实验结果

3.1 行为结果

计算每个被试在每种条件下选择赌在所有选择中（赌和不赌）所占的比例。24 名被试的平均赌的比例如图 4-2 所示。对赌所占的比例进行 2×2×3[得钱（25 或 5）、失钱（25 或 5）、赢的可能性（25%，50%，75%）]重复测量方差分析，达到显著水平的主效应和交互作用如表 4-1、图 4-1 所示。

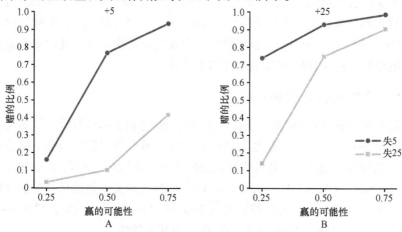

图 4-2　不同条件下平均赌所占的比例（A 为得 5；B 为得 25）

表 4-1　各自变量在赌所占比例上显著的主效应及其交互作用

变异来源	df	F	p
得钱	1，23	151.67	0
失钱	1，23	102.69	0
赢的可能性	2，46	107.46	0
得钱×失钱	1，23	15.38	0.001
得钱×赢的可能性	2，46	7.20	0.002
失钱×赢的可能性	2，46	9.09	0.001
得钱×失钱×赢的可能性	2，46	54.92	0

　　由表 4-1 和表 4-2 可见，当得钱多时，选择赌的比例显著高于得钱少时赌的比例；而当失钱多时，选择赌的比例显著低于失钱少时赌的比例；从赢的可能性来看，随着赢钱的可能性增加，选择赌的比例也相应增加。所以，被试在选择赌或不赌时，综合考虑了得钱的多少、失钱的多少及赢的可能性这些因素。也就是说，被试通过对实验任务所提供的所有这些因素的综合考虑进行决策。

表 4-2　不同情况下赌所占比例的平均值（$\bar{x}$）及标准误（s_x）

赌的比例	$\bar{x}$	s_x
得 25	0.74	0.02
得 5	0.40	0.01
失 25	0.39	0.02
失 5	0.75	0.02
赢的可能性为 25%	0.27	0.03
赢的可能性为 50%	0.64	0.03
赢的可能性为 75%	0.81	0.03

3.2　ERP 结果

3.2.1　赌与不赌时的得失结果诱发的 ERP

　　选择赌与不赌时的结果反馈诱发的 ERP 波如图 4-3 所示，可见不同结果诱发的 ERP 差异主要表现在 FRN 和 P300 上，我们在下文将对这两个成分在选择赌和不赌时的情况分别进行详细分析。

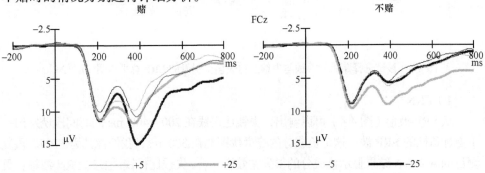

图 4-3　被试决定赌或不赌的情况下，各种结果引发的 ERP 总平均图（$n = 24$）

3.2.1.1　选择赌时的结果

　　图 4-4 显示了被试选择赌时四种可能反馈结果的 ERP 总平均波形，FRN 和 P300 在不同条件之间表现不同。

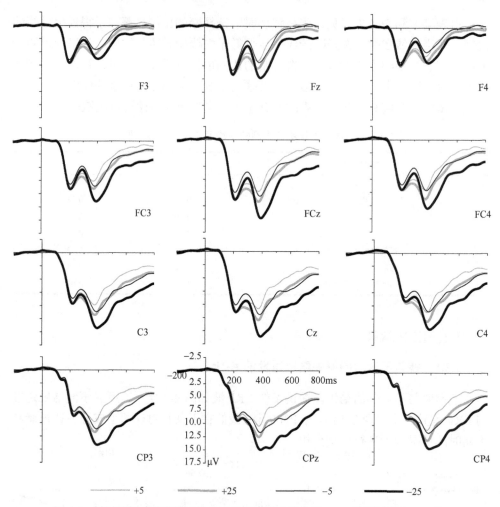

图 4-4　被试选择赌时的得钱与失钱及得失多少引发的 ERP 总平均图（$n = 24$）

1）FRN

从 ERP 波形（图 4-4）可以看出，失钱比得钱在 200～400 ms 的时间段诱发出一个更加负性的 ERP 波，这个负成分的峰潜伏期约在 300 ms，我们称其为 FRN。重复测量的 ANOVA 结果显示该成分的得失主效应显著，失钱比得钱诱发的 FRN 波幅在负方向上更大[$F_{(1, 23)} = 6.84$，$p < 0.05$]。如地形图（图 4-5A）所示，FRN 的这种得失之间的差异在中线额中央部最大，反映为得失与前后电极位置的交互效应显著[$F_{(3, 69)} = 22.29$，$p < 0.001$]，与左中右电极位置的交互效应显著[$F_{(2, 46)} = 12.51$，$p < 0.001$]以及得失、前后位置和左中右电极位置的交互效应显著[$F_{(6, 138)} = 3.03$，$p < 0.05$]（图 4-6）。

此外，得钱或失钱的多少主效应显著[$F_{(1, 23)} = 14.04$，$p < 0.01$]，钱少比钱多诱发的 FRN 波幅更大；钱的多少与前后电极位置的交互效应显著[$F_{(3, 69)}$

= 8.63，$p < 0.01$]，与左中右电极位置的交互效应显著[$F(2, 46) = 5.44$，$p < 0.05$]（图 4-6）；在钱的多少差异波（得 25 减得 5 和失 25 减失 5）及 300 ms 时的地形图中，我们发现 FRN 的这种多少之间的差异，在得钱时主要位于中央额部，而在失钱时主要位于中央顶部（图 4-5B）。得失与得钱或失钱多少的交互效应不显著。

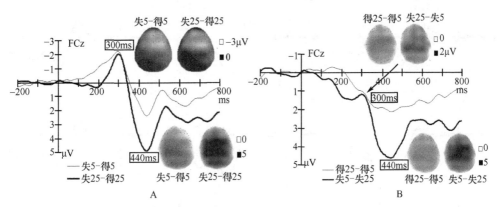

图 4-5　被试选择赌时的失钱减得钱的差异波（A）和钱多减钱少的差异波（B）
以及差异波 300 ms 和 440 ms 时的地形图

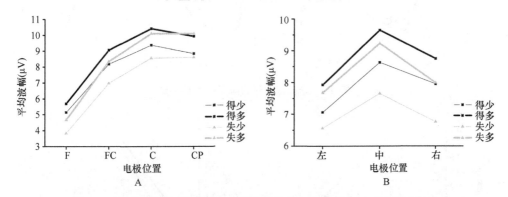

图 4-6　被试选择赌时的得钱和失钱及得失多少诱发的 FRN 在前后电极位
置（A）和左中右电极位置（B）的平均波幅

　　进一步以失钱诱发的 ERP 减得钱诱发的 ERP 得到失得差异波（图 4-7），对 FRN 波幅分析显示，失 5 减得 5 与失 25 减得 25 的 FRN 波幅之间没有显著差异。失得之间的差异在左侧电极位置显著低于中线和右侧电极位置（$p < 0.01$），存在明显的左右半球差异（图 4-8B），在地形图上也可以看到这种波幅的右半球优势（图 4-6A）；这种差异在前后电极位置的分布上表现为中央额部（F 和 FC）的波幅显著高于中央后部（C 和 CP）（$p < 0.01$）（图 4-8A 和图 4-6A）；失得之间的 FRN 波幅差异最高位于 Fz 点（钱少：–3.06μV；钱多：–3.18μV）。

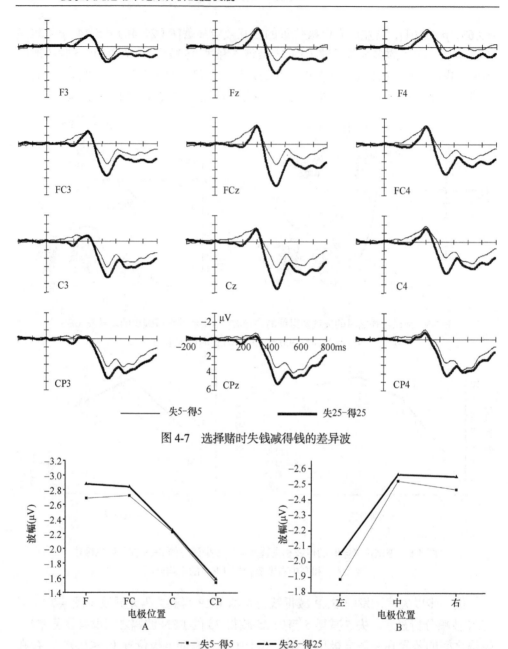

图 4-7 选择赌时失钱减得钱的差异波

图 4-8 被试选择赌时的失钱减得钱差异波的 FRN 在前后电极位置（A）以及左中右电极位置（B）的波幅

2）P300

从 ERP 波形（图 4-4）可以看出，在 FRN 之后有一个明显的正成分，这个正成分的峰潜伏期约在 380 ms，为波形中的第三个正成分，所以我们称其为 P300。

对 P300 的波幅（峰峰值——FRN 波峰到 P300 波峰的距离）进行测量。重复测量的 ANOVA 结果显示 P300 波峰的得失主效应显著，失钱比得钱诱发的 P300 波幅更大[$F(1, 23) = 29.63$, $p < 0.001$]；得失与前后电极位置的交互效应显著[$F(3, 69) = 6.12$, $p < 0.01$]，与左中右电极位置的交互效应显著[$F(2, 46) = 20.73$, $p < 0.001$]以及得失、前后位置、和左中右电极位置的交互效应显著[$F(6, 138) = 5.14$, $p < 0.01$]（图 4-9）。

此外，得钱或失钱的多少主效应显著[$F(1, 23) = 72.55$, $p < 0.001$]，钱多比钱少诱发的 P300 波幅更大；钱的多少与前后电极位置的交互效应显著[$F(3, 69) = 14.58$, $p < 0.001$]，与左中右电极位置的交互效应显著[$F(2, 46) = 11.02$, $p < 0.001$]（图 4-9）。得失与得钱或失钱多少的交互效应也显著[$F(1, 23) = 32.73$, $p < 0.001$]。

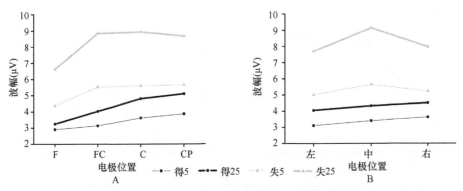

图 4-9　被试选择赌时的得钱和失钱及得失多少诱发的 P300 在前后电极位置
（A）和左中右电极位置（B）的波幅

进一步对得钱时的多少效应分析结果显示，钱的多少主效应显著[$F(1, 23) = 16.13$, $p < 0.01$]，多少与前后电极位置的交互效应显著[$F(3, 69) = 15.00$, $p < 0.001$]，与左中右电极位置的交互效应不显著；对得钱时 P300 波幅在左中右电极位置的分布分析显示，右侧波幅高于左侧波幅，存在左右半球差异；对中线电极位置的 P300 波幅分析，波幅最大位于 CPz 点（得少：4.01μV；得多：5.14μV）。对失钱时的多少效应分析结果显示，钱的多少主效应显著[$F(1, 23) = 75.23$, $p < 0.001$]，多少与前后电极位置的交互效应显著[$F(3, 69) = 7.98$, $p < 0.01$]，与左中右电极位置的交互效应显著[$F(2, 46) = 15.26$, $p < 0.001$]；对失钱少和失钱多的 P300 波幅在左中右电极位置的分布分别分析，结果显示中线位置的波幅显著高于左右两侧（失少：$p < 0.05$；失多：$p < 0.001$），而左右侧电极之间无显著差异，说明失钱时 P300 波幅在左右半球无差异；对中线电极位置的 P300 波幅分析，波幅最大位于 FCz 点（失少：6.01μV；失多：9.91μV）。

对失钱减得钱的差异波分析显示，P300 波幅的钱的多少主效应显著，钱多时的失得差异显著大于钱少时的失得差异[$F_{(1, 23)}$ = 18.31,$p < 0.001$];而且这种钱的多少不同的失得差异与左中右电极位置和前后电极位置的交互分别显著[$F_{(2, 46)}$ = 10.06,$p < 0.001$;$F_{(3, 69)}$ = 4.28,$p < 0.05$](图4-10);在钱少时,左侧和中线位置的波幅显著高于右侧($p < 0.01$),存在明显的左右半球差异;在钱多时,中线位置的波幅显著高于左右两侧($p < 0.001$),而左右两侧的波幅差异只达到边缘显著($p = 0.056$),半球差异不明显;在440 ms时的地形图(图4-6A)上也可以看出这种P300波幅在钱少时存在明显的左半球优势,而钱多时的半球差异不明显;这种差异在前后电极位置的分布上表现为,在钱少时P300波幅从前到后逐渐增高($p < 0.05$),而在钱多时,P300波幅在额部(F)电极显著低于其他电极位置($p < 0.001$),而从中央额部(FC)到中央后部(C和CP)的差异不显著(如波幅图)(图4-10A);失得之间的P300波幅差异最高在钱少时位于CPz点(4.35μV),钱多时位于Cz点(6.50μV)。

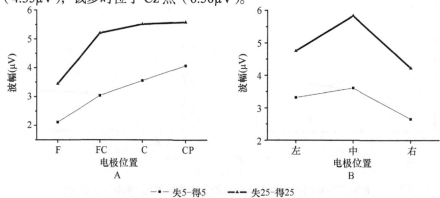

图4-10　被试选择赌时的失钱减得钱差异波的P300在前后电极位置(A)
及左中右电极位置(B)的波幅

在钱多减钱少的差异波中可以看出(图4-11),失钱时多少差异在P300的表现非常明显,这种差异表现在330～530 ms,而得钱时的多少差异在P300的表现不如失钱时明显;测量差异波中330～530 ms的平均波幅,ANOVA分析结果显示得失主效应显著,失钱时的多少差异波的P300波幅显著高于得钱[$F_{(1, 23)}$ = 10.31,$p < 0.01$];而且失得与左中右电极位置和前后电极位置的交互分别显著[$F_{(2, 46)}$ = 10.99,$p < 0.001$;$F_{(3, 69)}$ = 4.20,$p < 0.05$](图4-12);在得钱时,P300波幅在左中右电极位置的分布没有显著差异;在失钱时,中线位置的波幅显著高于左右两侧($p < 0.001$),而左右两侧的波幅差异只达到边缘显著($p = 0.097$),半球差异不明显;多少差异在前后电极位置的分布上表现为,在得钱时P300波幅在中央和中央顶部显著高于额部和中央额部电极($p < 0.05$),而在失钱时,P300波幅在额部(F)电极显著低于其他电极位置($p < 0.001$),而从中央额部(FC)到中央顶部(C和CP)的差异不显著(图4-12A);失得之间的P300波幅差异最

高在得钱时位于 CPz 点（2.27μV），失钱时位于 Cz 点（4.02μV）。

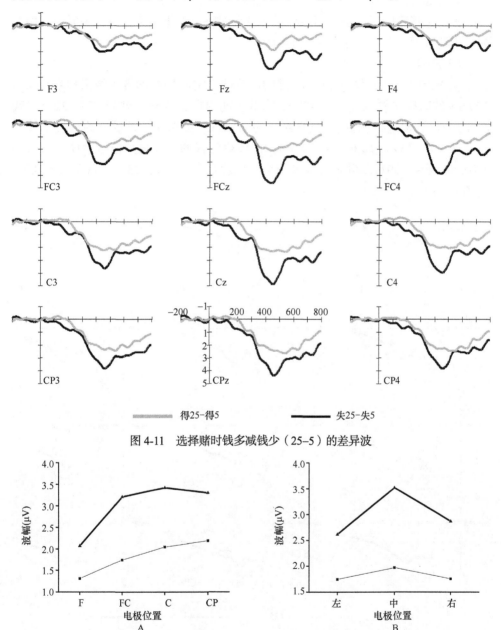

图 4-11　选择赌时钱多减钱少（25-5）的差异波

图 4-12　被试选择赌时钱多减钱少的差异波的 P300 在前后电极位置（A）
以及左中右电极位置（B）的波幅

3.2.1.2 选择不赌时的结果

被试选择不赌时，虽然箭头所指的方向对被试的报酬不会有得失影响，但是为了表述方便，我们仍用代表+和–得失。

1）FRN

从 ERP 波形图（图 4-13）可以看出，被试决定不赌时的各种结果也在 200～400 ms 的时间段诱发出一个 FRN，峰潜伏期约在 310 ms。对 FRN 在 220～370 ms 的平均波幅进行测量。 重复测量的 ANOVA 结果显示该成分的得失主效应显著[$F(1, 23) = 10.68$，$p < 0.01$]，得钱或失钱的多少主效应显著[$F(1, 23) = 20.76$，$p < 0.001$]，得失与多少的交互效应显著[$F(1, 23) = 8.03$，$p < 0.01$]（图 4-14）。

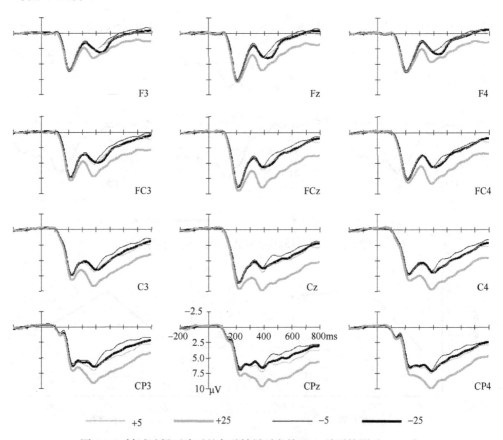

图 4-13 被试选择不赌时的各种结果引发的 ERP 总平均图（$n = 24$）

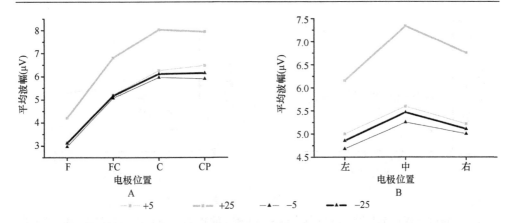

图 4-14 被试选择不赌时的得钱和失钱及得失多少诱发的 FRN 在前后电极位置（A）和左中右电极位置（B）的平均波幅

在得钱时，多少主效应显著，得钱少的 FRN 波幅在负方向上显著大于得钱多 [$F(1, 23) = 19.20$，$p<0.001$]；多少与左中右电极位置的交互效应显著[$F(2, 46) = 9.98$，$p<0.001$]，与前后电极位置的交互效应显著[$F(3, 69) = 5.47$，$p<0.05$]；得钱少时，FRN 波幅在左右两侧电极之间没有明显差异，在额部和中央额部显著高于中央和中央顶部（$p<0.001$）；得钱多时，FRN 波幅在左右两侧电极位置达只到边缘显著（$p = 0.056$），说明左右半球差异不明显，在额部和中央额部显著高于中央和中央顶部（$p<0.01$）。

在失钱时，多少主效应不显著，而且多少与左中右和前后电极位置的交互效应也均不显著；FRN 波幅在左右两侧电极之间没有明显差异，在额部和中央额部显著高于中央和中央顶部（$p<0.05$）。

在钱少时，得失主效应不显著，而且得失与左中右和前后电极位置的交互效应也均不显著。在钱多时，得失主效应显著，失钱的 FRN 波幅在负方向上显著大于得钱[$F(1, 23) = 26.59$，$p<0.001$]；而且得失与左中右电极位置的交互效应显著[$F(2, 46) = 9.41$，$p<0.01$]，与前后电极位置的交互效应显著[$F(3, 69) = 8.87$，$p<0.01$]。

2）P300

从 ERP 波形图（图 4-13）可以看出，被试决定不赌时的各种结果诱发出一个 P300，峰潜伏期约在 390 ms。对 P300 进行峰峰值测量。重复测量的 ANOVA 结果显示该成分的得失主效应不显著，得钱或失钱的多少主效应显著[$F(1, 23) = 10.93$，$p<0.01$]，得失与多少的交互效应显著[$F(1, 23) = 6.71$，$p<0.05$]（图 4-15）。

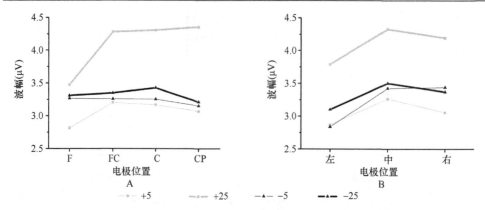

图 4-15　被试选择不赌时的得钱和失钱及得失多少诱发的 P300 在前后电极位置（A）和左中右电极位置（B）的峰值

在得钱时，多少主效应显著，得钱多的 P300 波幅显著大于得钱少[$F_{(1, 23)}$ = 18.02，$p < 0.001$]；多少与左中右电极位置的交互效应不显著，与前后电极位置的交互效应达到边缘显著[$F_{(3, 69)}$ = 3.23，$p = 0.073$]；得钱时，P300 波幅在中线位置显著大于左侧电极位置（$p < 0.05$），而左右两侧电极之间没有明显差异，说明左右半球差异不明显；在中线位置，P300 波幅最大值位于 FCz 点（得少：3.43 μV；得多：4.57 μV）。

在失钱时，多少主效应不显著，多少与前后电极位置的交互效应不显著，但与左中右电极位置的交互效应显著[$F_{(2, 46)}$ = 3.60，$p < 0.05$]；失钱少在左中右电极位置表现为左侧 P300 波幅显著低于中线和右侧电极位置（$p < 0.05$），存在左右半球差异，失钱多在左中右电极位置表现为 P300 波幅在中线位置显著大于左侧电极位置（$p < 0.05$），而左右两侧电极之间没有明显差异，说明左右半球差异不明显。在中线位置，P300 波幅最大值位于 Fz 点（失少：3.56 μV；失多：3.62 μV）。

在钱少时，得失主效应不显著，而且得失与前后电极位置的交互效应不显著，与左中右电极位置的交互效应显著[$F_{(2, 46)}$ = 3.42，$p < 0.05$]。在钱多时，得失主效应也不显著，而且得失与左中右电极位置的交互效应不显著，与前后电极位置的交互效应显著[$F_{(3, 69)}$ = 4.26，$p < 0.05$]。

3）小结

从 ERP 波形可以看出，在被试选择赌或不赌的情况下不同的结果反馈引发的 FRN 和 P300 有明显差异。FRN 的波幅在额部内侧电极位置最大，而 P300 波幅的最大位置偏后。

在被试选择赌的情况下，FRN 和 P300 都与得失和钱的多少有关。失钱比得钱诱发的 FRN 波幅在负方向上更大，钱少比钱多诱发的 FRN 波幅更大，但这种失得差异与钱的多少没有明显关系。对于 P300，失钱比得钱诱发的 P300 波幅更大，钱多比钱少诱发的 P300 波幅更大，而且钱多时的失得差异显著大于钱少时的失得差异，失钱时的多少差异显著大于得钱。

在被试选择不赌的情况下，FRN 对于得失和钱的多少的敏感性都有所下降。只有在钱多时，FRN 的得失差异才明显，表现为失钱时的 FRN 波幅比得钱大，而在钱少时得失差异不显著；对于钱的多少，在得钱时多少差异显著，得钱少的FRN 波幅显著大于得钱多，而在失钱时多少差异不显著。P300 在不赌的情况下已经不能反映得失，只与钱的多少有关，而且敏感性下降。只有在得钱时多少差异才明显，得钱多的 P300 波幅大于得钱少，而在失钱时多少差异已经不显著。

3.2.2　赢的概率为 50% 和 75% 时（选择赌）的得失结果

从 ERP 波形（图 4-16）可以看出，在赢的概率不同的情况下，被试选择赌以后各种结果诱发出的 FRN 和 P300 不同。对 FRN 测量 220～370 ms 的平均波幅，对 P300 测量其峰峰值。对 FRN 和 P300 的波幅分别进行四因素[得失（2 个水平）、赢的概率（2 个水平：50% 和 75%）、左中右电极位置（3 个水平）、前后电极位置（4 个水平）]重复测量的 ANOVA 分析。

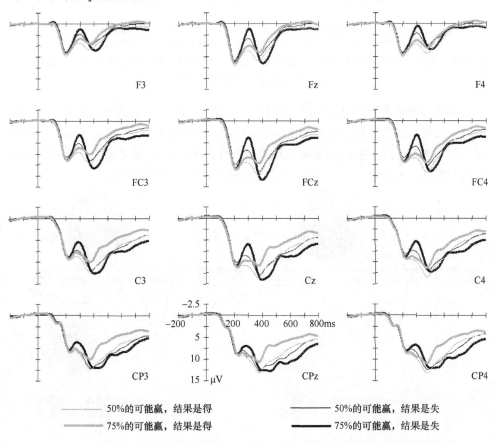

图 4-16　不同赢的可能性的情况下被试选择赌以后得失结果引发的 ERP 总平均图

1）FRN

结果显示，FRN 波幅的得失主效应显著[$F_{(1, 23)}$ = 27.99，$p < 0.001$]，失比得的 FRN 波幅在负方向上更大；赢的概率主效应显著[$F_{(1, 23)}$ = 19.29，$p < 0.001$]，75%的赢的概率比 50%的 FRN 波幅更大；得失与赢的概率的交互效应不显著；得失与左中右和前后电极位置的交互效应显著[$F_{(2, 46)}$ = 14.95，$p < 0.001$；$F_{(3, 69)}$ = 11.21，$p < 0.01$]（图 4-17）。

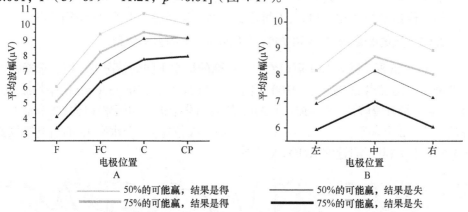

图 4-17　不同赢的可能性的情况下被试选择赌以后得失结果引发的 FRN 在前后电极位置（A）以及左中右电极位置（B）的平均波幅

由失减得差异波及 300 ms 时的地形图（图 4-18）可以看出赢的概率越大，失与得的差异就越大，FRN 波幅的这种差异在中央额部最大，并且右半球大于左半球，具有半球差异。由赢的概率差异波及 300 ms 时的地形图（图 4-19）可以看出失与得相比，赢的概率差异更大，并且这种差异在中央额部最大。

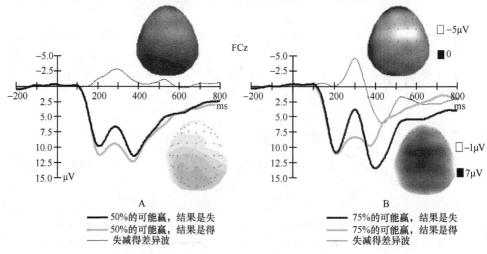

图 4-18　不同赢的可能性的情况下被试选择赌以后得失结果引发的 ERP 波和失减得差异波以及差异波 300 ms（上）和 440 ms（下）时的地形图

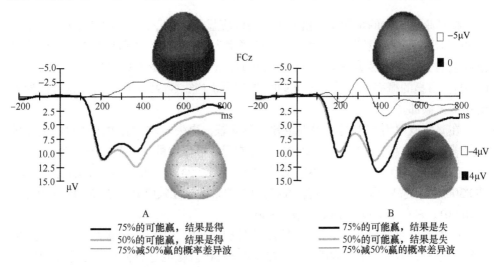

图 4-19 不同赢的可能性的情况下被试选择赌以后得失结果引发的 ERP 波和 75%减 50%赢的概率差异波以及差异波 300 ms（上）和 440 ms（下）时的地形图

2）P300

结果显示，P300 波幅的得失主效应显著$[F(1, 23) = 36.65, p<0.001]$，赢的概率主效应显著$[F(1, 23) = 20.48, p<0.001]$，得失与赢的概率的交互效应显著$[F(1, 23) = 70.95, p<0.001]$。

在结果为得钱的情况下，赢的概率主效应显著，P300 波幅在赢的概率为 50%时高于赢的概率为 75%；赢的概率与左中右和前后电极位置的交互效应显著$[F(2, 46) = 3.73, p<0.05; F(3, 69) = 13.32, p<0.001]$（图 4-20）；由赢的概率差异波 440 ms 时的地形图（图 4-19A）可以看出这种差异在中央顶部最明显。

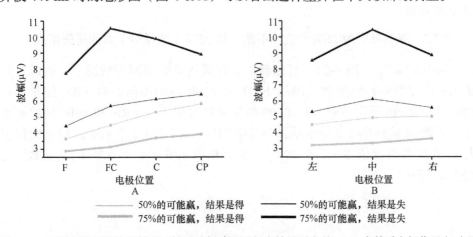

图 4-20 不同赢的可能性的情况下被试选择赌以后得失结果引发的 P300 在前后电极位置（A）及左中右电极位置（B）的波幅

在结果为失钱的情况下，赢的概率主效应显著[$F(1, 23) = 61.55$, $p<0.001$]，P300 波幅在赢的概率为 75%时高于赢的概率为 50%；赢的概率与左中右和前后电极位置的交互效应显著[$F(2, 46) = 29.07$, $p<0.001$；$F(3, 69) = 22.30$, $p<0.001$]；由赢的概率差异波 440 ms 时的地形图（图 4-19B）可以看出这种差异主要在中央额部。

在赢的概率为 50%时，得失主效应不显著，得失与左中右电极位置的交互效应显著[$F(2, 46) = 7.14$, $p<0.01$]，与前后电极位置的交互效应不显著。

在赢的概率为 75%时，得失主效应显著[$F(1, 23) = 72.74$, $p<0.001$]，失比得的 P300 波幅更高；得失与左中右和前后电极位置的交互效应显著[$F(2, 46) = 39.15$, $p<0.001$；$F(3, 69) = 14.02$, $p<0.001$]。

由失减得差异波及 440 ms 时的地形图（图 4-18）可以看出赢的概率越大，失与得的差异就越大，在赢的概率为 75%时 P300 波幅的这种差异主要在中央额部和中央顶部。

3）小结

进一步分析发现 FRN 和 P300 对于输赢概率也有反映。75%的赢的概率比 50%的 FRN 波幅更大，尤其在失钱情况下，这种赢的概率之间的差异更大；而且赢的概率越大，失与得的差异就越大，也就是失钱诱发的 FRN 波幅比得钱诱发的更大，并且这种失得差异具有右半球优势。

在得钱的情况下，P300 波幅在赢的概率为 50%时高于赢的概率为 75%，这种差异在中央顶部最明显；在失钱的情况下，P300 波幅在赢的概率为 75%时高于赢的概率为 50%，这种差异在中央额部最明显。在赢的概率为 50%时，得失之间的差异不显著；而在赢的概率为 75%时，得失差异才显著，失比得的 P300 波幅更大。

3.2.3 赢的概率为 25%（选择不赌）和 75%（选择赌）时的得失结果

从 ERP 波形（图 4-21）可以看出，在赢的概率不同的情况下，被试选择赌或不赌以后各种结果诱发出的 FRN 和 P300 波幅不同。对 FRN 测量其在 220～370 ms 的平均波幅，对 P300 测量其峰峰值。对 FRN 和 P300 的波幅进行四因素[赢的概率（2 个水平：25%和 75%）、得失（2 个水平：结果为得或失）、左中右电极位置（3 个水平）、前后电极位置（4 个水平）]重复测量的 ANOVA 分析。

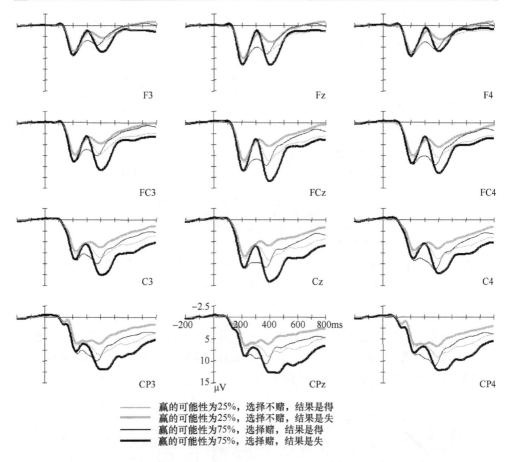

　　——— 赢的可能性为25%，选择不赌，结果是得
　　——— 赢的可能性为25%，选择不赌，结果是失
　　——— 赢的可能性为75%，选择赌，结果是得
　　——— 赢的可能性为75%，选择赌，结果是失

图 4-21　赢的可能性为 25%（选择不赌）和 75%（选择赌）时的得失结果引发
的 ERP 总平均图（$n = 24$）

1）FRN

　　结果显示，赢的概率主效应显著[$F_{(1, 23)} = 23.31$，$p < 0.001$]，25%赢的概率比 75%的 FRN 波幅更大，也就是不赌比赌的 FRN 波幅更大；FRN 波幅的得失主效应显著[$F_{(1, 23)} = 33.43$，$p < 0.001$]，失比得的 FRN 波幅在负方向上更大；得失与赢的概率的交互效应不显著（图 4-22）。

　　进一步分析发现在赢的概率为 25%，被试选择不赌的情况下，失与得的差异只达到边缘显著[$F_{(1, 23)} = 3.22$，$p = 0.086$]。

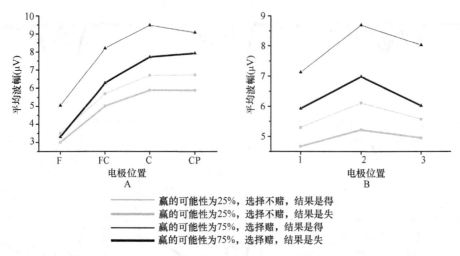

图 4-22　赢的可能性为 25%（选择不赌）和 75%（选择赌）时的得失结果引发的 FRN 在前后电极位置（A）及左中右电极位置（B）的平均波幅

2）P300

结果显示，P300 波幅的赢的概率主效应显著[$F(1, 23) = 51.19$, $p < 0.001$]，得失主效应显著[$F(1, 23) = 43.71$, $p < 0.001$]，得失与赢的概率的交互效应显著[$F(1, 23) = 59.16$, $p < 0.001$]（图 4-23）。

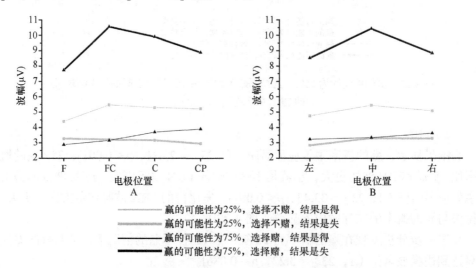

图 4-23　赢的可能性为 25%（选择不赌）和 75%（选择赌）时的得失结果引发的 P300 在前后电极位置（A）及左中右电极位置（B）的波幅

在赢的概率为 75% 且被试选择赌时，P300 波幅在失钱显著高于得钱[$F(1, 23) = 72.74$, $p < 0.001$]。在赢的概率为 25% 且被试选择不赌时，P300 波幅在得钱显著高于失钱[$F(1, 23) = 17.41$, $p < 0.001$]。

　　进一步做得失差异波分析，在赢的概率为75%且被试选择赌的情况下以失钱诱发的 ERP 波减去得钱诱发的 ERP 波，而在赢的概率为25%且被试选择不赌的情况下以得钱诱发的 ERP 波减去失钱诱发的 ERP 波，前者的 P300 峰潜伏期约为440 ms，要比后者（约390 ms）更长。由差异波及其波峰处的地形图（图4-24）可以看出在赢的概率为75%选择赌的情况下得失差异比赢的概率为25%选择不赌时的得失差异要大，并且这种差异主要位于中央额部。

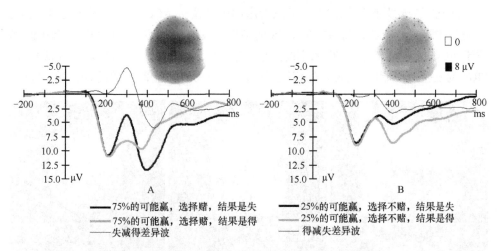

图 4-24　不同赢的可能性的情况下被试选择赌或不赌以后得失结果引发的 ERP 波和得失差异波，以及赢的概率为75%选择赌时失减得差异波440 ms时的地形图（A）和赢的概率为25%选择不赌时得减失差异波390 ms时的地形图（B）

3）小结

　　赢的概率在 FRN 波幅上的表现为25%赢的概率比75%的 FRN 波幅更大，也就是不赌比赌的 FRN 波幅更大。在赢的概率为75%且被试选择赌的情况下，失钱的 FRN 波幅比得钱时明显大；而在赢的概率为25%且被试选择不赌的情况下，失与得的差异只达到边缘显著。

　　P300 波幅在赢的概率（赌或不赌）上也有反映。在赢的概率为75%且被试选择赌时，P300 波幅在失钱明显高于得钱。而在赢的概率为25%且被试选择不赌时，P300 波幅在得钱明显高于失钱。赢的概率为75%选择赌的情况下得失差异比赢的概率为25%选择不赌时的得失差异要大，潜伏期更长，并且这种差异主要位于中央额部。

3.3　偶极子源定位分析

　　对选择赌时失25的结果诱发的 FRN 和 P300 以及赢的概率为75%时选择赌而失钱的结果引发的 FRN 和 P300 进行偶极子源定位分析，尝试性地定位 FRN 和 P300 的神经发生源。该偶极子源定位方法是基于四壳椭球体模型，在拟合过程中不限制偶极子的方向和位置。

从结果中可以看出，对于选择赌时失 25 的结果引发的 FRN，位于 ACC 附近的单个偶极子能够解释绝大多数的变异（位置：$x = 2.7$，$y = -5.5$，$z = 42.6$；残差 9.90%）；将该偶极子叠加到标准磁共振结构像上，可以看出偶极子位于 ACC 附近（图 4-25 上）。对于选择赌时失 25 的结果引发的 P300，位于 ACC 附近的单个偶极子也能解释绝大多数的变异（位置：$x = 0.5$，$y = 10.3$，$z = 34.8$；残差 9.42%）；将该偶极子叠加到标准磁共振结构像上，可以看出偶极子位于 ACC 附近（图 4-25 下）。我们需要注意的是，虽然选择赌时失 25 的结果引发的 FRN 和 P300 的发生源可能都位于 ACC，但二者位于 ACC 的不同区域，从偶极子的坐标位置及图 4-25 可以看出，FRN 的发生源可能位于 ACC 的背侧尾部，而 P300 的发生源更靠近 ACC 的喙部。

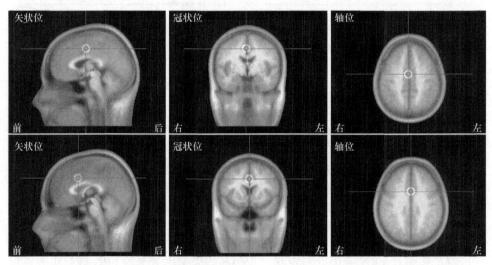

图 4-25　选择赌时失 25 的结果引发的 FRN（上）和 P300（下）的偶极子源定位图

对于赢的概率为 75% 时选择赌而失钱的结果引发的 FRN，位于 ACC 附近的单个偶极子能够解释绝大多数的变异（位置：$x = 8.2$，$y = -7.1$，$z = 45.1$；残差 7.65%）；将该偶极子叠加到标准磁共振结构像上，可以看出偶极子位于 ACC 附近（图 4-26 上）。对于赢的概率为 75% 时选择赌而失钱的结果引发的 P300，位于 ACC 附近的单个偶极子能够解释绝大多数的变异（位置：$x = -1.1$，$y = 14.4$，$z = 37.7$；残差 9.54%）；将该偶极子叠加到标准磁共振结构像上，可以看出偶极子位于 ACC 附近（图 4-26 下）。我们需要注意的是，虽然赢的概率为 75% 时选择赌而失钱的结果引发的 FRN 和 P300 的发生源可能都位于 ACC，但二者位于 ACC 的不同区域，从偶极子的坐标位置及图 4-26 可以看出，FRN 的发生源可能位于 ACC 的背侧尾部，而 P300 的发生源更靠近 ACC 的喙部。

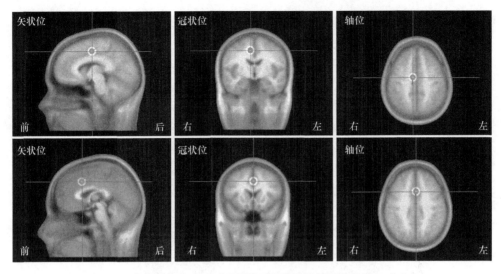

图 4-26　赢的概率为 75%时选择赌而失钱的结果引发的 FRN（上）
和 P300（下）的偶极子源定位图

4　讨论

在本研究中，我们在两个 ERP 成分——FRN 和 P300 中观察到了与奖赏和惩罚（也就是得钱和失钱）有关的信息，这些结果与前人的研究一致。除了这些结果，我们还扩展了前人的研究，引入了概率和钱的多少因素，这也是我们在决策过程中经常要考虑的两个因素。研究结果表明 FRN 和 P300 也都与这两种因素有关。下面我们将根据前面的结果分三部分对这些因素进行分析。

4.1　赌与不赌时的得失效应与多少效应

从 ERP 波形可以看出，在被试选择赌或不赌的情况下不同的结果反馈引发的 FRN 和 P300 有明显差异。FRN 的波幅在额部内侧电极位置最大，而 P300 波幅的最大位置偏后。在被试选择赌的情况下，FRN 和 P300 都与得失和钱的多少有关。失钱比得钱诱发的 FRN 波幅在负方向上更大，钱少比钱多诱发的 FRN 波幅更大，但这种得失差异与钱的多少没有明显关系。对于 P300，失钱比得钱诱发的 P300 波幅更大，钱多比钱少诱发的 P300 波幅更大，而且钱多时的得失差异显著大于钱少时的得失差异，失钱时的多少差异显著大于得钱。这些发现说明得失和钱的多少在脑内的加工是同时进行的，但在时间上又有些分离。它们同时在 FRN 和 P300 上有反映，但是 FRN 可能对得失更敏感，而对于多少的反映不如 P300 明显，因为 FRN 波幅的得失差异与钱的多少没有明显关系。所以，得失效应在结果反馈出现的 300 ms 之内的 FRN 上已经有明显表现，而多少的加工更主要的在较晚 P300 的时间段进行。

在被试选择不赌的情况下，FRN 对于得失和钱的多少的敏感性都有所下降。只有在钱多时，FRN 的得失差异才明显，表现为失钱时的 FRN 波幅比得钱大，而在钱少时得失差异不显著；对于钱的多少，在得钱时多少差异显著，得钱少的 FRN 波幅显著大于得钱多，而在失钱时多少差异不显著。P300 在不赌的情况下已经不能反映得失，只与钱的多少有关，而且敏感性下降。只有在得钱时多少差异才明显，得钱多的 P300 波幅大于得钱少，而在失钱时多少差异已经不显著。所以，在被试选择不赌的情况下，整个结果表现为只有得钱多所诱发的 ERP 波明显的不同于其他条件，而其他结果诱发的 ERP 波差别不显著。这可能是因为被试选择不赌以后，不管箭头指向得钱方向还是失钱方向，都不会影响他/她的报酬，也就是说结果反馈已经与被试自己的利益没有关系，但是箭头的指向能够反映被试决策的正确与否，当箭头指向得钱方向时，说明被试选择不赌是错误的。P300 可能反映了这种决策错误，尤其是在钱多的时候。

4.2　赢的概率为 50% 和 75% 时（选择赌）的得失效应

从 ERP 波形中可以看到 FRN 和 P300 对于输赢概率也有反映。75% 的赢的概率比 50% 的 FRN 波幅更大，尤其在失钱情况下，这种赢的概率之间的差异更大；而且赢的概率越大，失与得的差异就越大，也就是失钱诱发的 FRN 波幅比得钱诱发的更大，并且这种得失差异具有右半球优势。赢的概率反映的是被试对于结果的预测，也就是期望。根据赢的概率大小，被试对于得钱的可能性大小有个预测，当被试选择了赌，那么他/她的预测或期望是得钱，但是当结果反馈是失钱时，结果与期望不一致，因此可能产生一种冲突。赢的概率越大，期望也就越大，当结果为失钱时冲突也就越高，FRN 波幅很清楚地反映了赢的概率所表示的这种期望的高低以及当实际结果与期望不一致时的冲突高低。

在得钱的情况下，P300 波幅在赢的概率为 50% 时高于赢的概率为 75%，这种差异在中央顶部最明显；在失钱的情况下，P300 波幅在赢的概率为 75% 时高于赢的概率为 50%，这种差异在中央额部最明显。在赢的概率为 50% 时，得失之间的差异不显著；而在赢的概率为 75% 时，得失差异才显著，失比得的 P300 波幅更大。P300 波幅在不同输赢概率下的得失效应可能反映了一种与得失有关的情绪评价，如失望。在失钱情况下，赢的概率越高，被试的失望也就越高。在赢的概率为 50% 时，虽然被试做出了赌的决定，但他/她知道得和失的可能性是一样的，所以当结果为失时没有明显的失望情绪，因此 P300 波幅的得失差异不显著。

4.3　赢的概率为 25%（选择不赌）和 75%（选择赌）时的得失效应

在赢的概率为 75% 且被试选择赌的情况下，失钱的 FRN 波幅比得钱时明显增大；而在赢的概率为 25% 且被试选择不赌的情况下，FRN 波幅的得失差异不明显，说明当结果与被试实际的利益无关时，FRN 对于得失的反应已经不敏感了，可能是因为不赌时被试对于结果的期望不大。而 P300 可能与情绪评价加工有关，因此在不赌时也能观察到得失效应，但这种得失差异与选择赌时刚好相反，表现为在赢的概率为 25%且被试选择不赌时，P300 波幅在得钱明显高于失钱；而在赢的概率为 75%且被试选择赌时，P300 波幅在失钱明显高于得钱。这可能说明 P300 反映了一种决策的对错引起的情绪反应。当被试选择不赌时，虽然得失结果已经与自身的利益无关，但当结果为得时对于被试也是一种损失，说明被试的决策错误，从而产生一种负性情绪，如沮丧等。但是这种不赌时导致的损失可能不如赌时失钱的损失大，因此这种负性情绪相对弱一些，表现为 P300 波幅在选择不赌时的得失差异不如选择赌的情况下得失差异大，潜伏期也更短一些。

4.4　总讨论

在本研究中我们观察到 FRN 和 P300 是与结果评价加工有关的主要成分，而且观察到对于结果的不同特征，如效价（得失）和钱的多少，在脑内的加工是同时进行的，但对这些结果不同特征的评价加工在时间上又有些分离。得失效应在结果反馈出现 300 ms 之内的 FRN 上已经有明显的表现，而多少的加工更主要在较晚的 P300 时间段进行。

FRN 的发生源可能位于 ACC，这与许多前人的研究一致（Miltner et al.，1997；Gehring and Willoughby，2002； Holroyd and Coles，2002），在一些奖赏加工的神经成像研究中也观察到了这个区域的激活（Elliott et al.，2000； Knutson et al.，2000； Delgado et al.，2003）。与我们的结果一致的是这个区域对于负性结果比正性结果更敏感（Knutson et al.，2000； Delgado et al.，2003），并且最近的证据也表明这个区域对于奖赏的多少相对不敏感（Delgado et al.，2003）。因此，以前的证据表明 ACC 是负责评价奖赏的效价和正在进行事件的动机意义系统的一部分（Gehring and Willoughby，2002； Holroyd and Coles，2002； Nieuwenhuis et al.，2004）。然而，我们的研究结果表明由 ACC 加工的评价信息是有限的，对那些不是直接经历奖赏的效价不敏感。

这些发现表明已往关于 ACC 功能和 FRN 理论的一些局限性。最明显的理论是将 FRN 与即时利益（instant utility）（Gehring and Willoughby，2002）联系起来，根据这个观点，似乎在更多失钱时观察到的 FRN 波幅更大。但我们的研究结果却与这种预测相反。对于我们的研究结果，可能的解释是 FRN 反映的或 ACC 进行的评价加工不只是将一个事件简单地评价为好还是坏，还包括由于实际结果与期望不一致引起的认知冲突，在本研究中引入输赢概率因素很好地验证了这个解释，所以评价加工可能通过期望结果的高低对得失或奖赏分级（Holroyd et al.，2004）。

P300 波幅对于钱的多少很敏感。当被试给予钱多的结果更多注意时也可能会引起整个 EEG 波幅的增加，但是我们观察到钱的多少对于 P300 波幅的影响似乎反映的不是这种与注意有关的加工。因为我们在 FRN 波幅上观察到了相反的现象，钱少时 FRN 波幅反而比钱多时要大。所以，钱的多少对于 P300 波幅的影响反映的可能是一种有意义的神经加工过程的变化，在赌和不赌的情况下钱的多少对 P300 波幅的影响可能说明这个成分反映了对奖赏大小的一种客观的编码加工，而与实际是否获得了这种奖赏无关。

以前关于情绪的研究发现，与正性情绪图片相比，负性情绪图片可以诱发更大的 P300，在这项研究中正负性情绪图片的唤醒度是匹配的（Ito et al.，1998），说明 P300 波幅与刺激的效价有关，可能反映了一种对负性情绪图片的厌恶反应。在我们的研究中观察到 P300 的得失效应可能反映了一种与决策对错有关的高级情绪评价，如反映了遗憾或失望（在做出不正确的选择或错误决策时）。

对于 P300 的发生源，目前还没有一致的结果。我们的源定位分析结果显示，P300 的发生源也可能位于 ACC，但与 FRN 的发生源相比，P300 的发生源更靠近 ACC 的喙部。这个结果与近年提出的关于 ACC 的认知和情绪功能分离的观点很类似，这个观点认为 ACC 的两个主要部分执行着不同功能，包括背侧认知部分和喙腹侧情绪部分，这两个亚区分别进行认知信息和情绪信息的加工（Bush et al.，2000）。根据来自于细胞构筑、脑损伤和电生理研究会聚的数据，与不同的连接模式知识及有限数量的脑成像研究结合起来，观察到这两个部分是可以区分的。认知亚区是分布式注意网络的一部分，它与外侧前额叶皮层、顶叶皮层以及前运动区和辅助运动区相互连接。已经将许多功能归于 ACC 的背侧认知亚区，包括通过影响感觉或反应选择（或二者）调节注意或执行功能；监测竞争，复杂运动控制，动机，新奇，错误监测和工作记忆；以及认知任务的预期。相反，情感亚区连接到杏仁核、水管周围灰质、伏隔核、下丘脑、前部脑岛、海马和眶额皮层，并且有输出到自主系统、内脏运动系统和内分泌系统。ACC 的情感亚区主要参与情绪和动机信息的评价及情绪反应的调节。所以，在我们的研究中，赌博输赢结果诱发的 FRN 和 P300 及它们的发生源可能位于 ACC 的不同部位，很可能从时间和空间上体现了这种认知和情绪加工的分离。

本研究采用偶极子源定位分析方法发现 FRN 和 P300 的发生源可能位于 ACC。然而，应当强调的是，偶极子源分析是一个逆问题，没有唯一解，而且由于源定位固有的局限性，源定位方法只是通过假定的有限几个偶极子试验性地模拟头皮电压分布来定位脑区。因此，应当谨慎考虑偶极子源定位分析结果。此外，近年来的神经成像研究已经发现许多脑区与奖赏的多少有关，包括眶额皮层、杏仁核和腹侧纹状体（Elliott et al.，2000；Knutson et al.，2000；Breiter et al.，2001；Delgado et al.，2003）。所以很可能这些皮层区共同激活导致我们观察到的反映情绪效应的 P300 成分。

　　总之，ERP 成分 FRN 和 P300 都与决策过程中结果评价有关，FRN 可能起源于 ACC 的背侧尾部，对于结果的效价比较敏感，反映了一种实际结果与期望不符产生的认知冲突；P300 的起源可能靠近 ACC 的喙部，但不能排除其他脑区，如杏仁核和腹侧纹状体等皮层区域，对于结果的效价和奖赏的大小都有反应，可能反映了一种与决策对错有关的高级情绪评价。

附　实验四的刺激材料

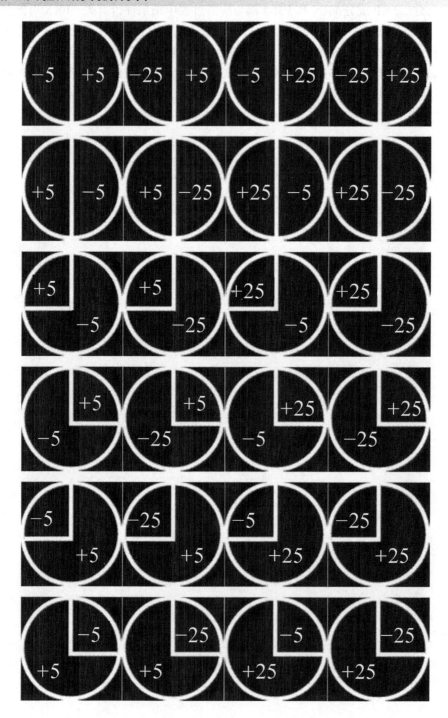

第五章 研究三：猜谜行为结果评价的神经机制

【研究背景】

猜谜是一个比较复杂的认知过程，包括很多阶段，例如，对谜面的理解，对谜语的加工，对谜底的评价。其中，对谜底的评价是一个非常特殊与难得的无奖赏条件下的结果评价过程，这也是我们采用猜谜任务的主要原因。目前为止对猜谜任务的相关研究较少。最近，Luo 等（2004）采用 fMRI 研究猜谜任务，结果观察到 ACC 激活，因此认为 ACC 与心理定势的突破有关。我们将采用 ERP 从加工的时间过程上探索猜谜任务相关的结果评价的神经机制。

【研究目的】

考察猜谜任务中无得失结果评价的神经机制。

实验五：猜谜任务中结果评价的 ERP 效应

1 实验目的

采用 ERP 技术研究猜谜任务中结果评价的神经机制。

2 实验方法

2.1 被试

14 名来自北京某大学的在校大学生和硕士研究生（6 男 8 女）参加了本实验，年龄 19~24 岁（平均 22.2 岁）。所有被试均为右利手、视力正常或矫正后正常。

2.2 刺激

用 120 条谜语作为刺激材料。其中一半谜语难度较高，另一半难度较低，通过预实验评价难易。对于简单的谜语，被试容易想出答案，如谜面"虽然它挡住了你的眼睛，但你看得更清楚了"，谜底是"眼镜"；对于比较难的谜语，被试不容易想出答案，如谜面"因为路面不平，所以容易走了"，谜底是"盲道"。对于每条谜语，谜面长度在 20 个汉字以内，谜底长度大多数在 3 个汉字以内。出现在谜面和谜底中的词都是高频词。

2.3　实验程序

被试坐于屏蔽室内一张舒适的椅子上，两眼注视屏幕中心一点，眼睛据屏幕中心 75cm。刺激在屏幕上的呈现由刺激系统（美国生产的 STIM 系统）控制。图 5-1 为实验程序示意图。首先，在屏幕中央呈现一个句子（谜面），呈现时间为 8s，间隔为 2s。要求被试在这 10s 内思考谜底，若想出答案按左键，若没有想出按右键。其次，呈现谜底，呈现时间为 2s，间隔为 2s。要求被试在这 4s 内做出按键反应：被试自己想出的答案与呈现的谜底一致时按左键（猜到）；被试自己想出的答案与呈现的谜底不一样，且被试认为呈现的谜底更合理；或被试没有想出答案，看到呈现的谜底后能理解并同意时按右键（没猜到）；被试不能理解或不同意谜底时不按键。对按键的左右手在被试间进行了平衡，只分析答案呈现后产生的 ERP 波形。

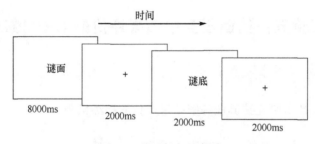

图 5-1　猜谜任务示意图

2.4　ERP 记录

实验仪器为 NeuroScan ERP 工作站。记录电极固定于 64 导联电极帽中。以双侧乳突为参考电极点。位于左眼上下眶的电极记录垂直眼电（VEOG）。头皮与电极之间的阻抗小于 5 kΩ。信号经放大器放大，记录连续 EEG，滤波带通为 0.1～40 Hz，采样频率为每导联 500 Hz，离线式（off-line）叠加处理。自动矫正眨眼伪迹。其他原因造成的伪迹使脑电电压超过 ±100 μV 的脑电事件被去除。用 3D space FASTRAK 数字转换器记录每个电极和三个基准点（左耳前点、右耳前点和鼻根点）的三维坐标。

2.5　ERP 数据分析和统计

对谜底呈现前 100 ms 至谜底呈现后 900 ms 的脑电进行分析，并以谜底呈现前 100 ms 作为基线。对猜到和没猜到两种条件引发的脑电分别进行叠加和平均，并且将两者相减（没猜到—猜到）得到差异波。

选择以下的 23 个电极位置记录的 ERP 用于统计分析：FPz，Fz，Cz，AF3，

AF4，F1，F2，F5，F6，C3，C4，FT7，FT8，Pz，Oz，P1，P2，P5，P6，O1，O2，TP7，和 TP8。本文主要测量并分析 FRN 和 P300。对于 FRN，在以上极位置以 250～500 ms 时间窗口测量其平均波幅；对于 P300，没猜到答案诱发的 ERP 波选择 200～500 ms 的时间窗口，猜到答案诱发的 ERP 波选择 500～800 ms 的时间窗口测量波幅（基线到波峰）和潜伏期。

用二因素重复测量方差分析（ANOVAs）的方法对 FRN 的平均波幅及 P300 的波幅和潜伏期进行分析。ANOVA 因素为谜底（2 个水平：猜到和没猜到）和电极位置（23 个电极点）。对于差异波（没猜到−猜到），在 Fz、Cz 和 Pz 点测量 FRN（在 250～500 ms 时间窗口）的潜伏期和波幅。采用 Greenhouse- Geisser 法矫正 p 值。

2.6　ERP 源分析

用 Curry V4.5 软件（美国 Neurosoft 公司生产）对差异波进行了电流密度和偶极子源定位分析。偶极子源定位对噪声非常敏感。因此，为了得到最大的信噪比，我们采用总平均 ERP 波。将 14 个被试的每个电极和三个基准点的三维坐标值平均，从而得到每个电极和三个基准点三维坐标值的平均值。对于总平均数据，通过 ERP 坐标系统中的平均基准点和在其中一个被试 MRI 头像上确定的基准标记，可以使 ERP 电极坐标系统与 MRI 坐标系统统一。

将总平均 ERP 数据、平均的电极和基准点位置坐标值、其中一个被试的 MRI 头像以及在这个头像上确定的基准点导入 Curry 后，在 Curry 中自动计算由电极包绕的最适合的球且确定它们的球形坐标。用这些球形坐标进行 ERP 电流密度分析和偶极子源定位。此外，球形坐标与相应的数字化基准点和在 MRI 头像上确定的基准点相关。

源重建是一个逆问题，这个问题没有唯一解。目前，有两种不同的源模型：分布式的源和局部源。用电流密度方法可以得到分布式源，而局部源是通过偶极子拟合计算得到的。在本研究中，我们尝试用电流密度方法和偶极子拟合方法在三壳球模型中重建 250～500 ms 时间范围的源。采用 LORETA 方法（low resolution electromagnetic tomograghy method）进行电流密度重建。在偶极子源分析中运用移动偶极子模型。

为了估计偶极子源的位置与脑的解剖结构和 fMRI 激活区的关系，我们将从总平均 ERP 数据计算得到的偶极子坐标投射到其中一个被试的 MRI 头像上。在这个被试的 MRI 头像上确定前联合（A）和后联合（P），前后联合之间的连线可以作为 Talairach 和 Tournoux 系统的主 A-P 轴，因此在 MRI 头像上确定的偶极子三维坐标以 Talairach 坐标系为参考。

3 实验结果

3.1 行为结果

120 条谜语中,平均有 44 条谜语的谜底被"猜到"($s_x = 3$),56 条谜语的谜底"没猜到"($s_x = 3$)。对于"没猜到"谜底的平均反应时(RTs)为 2179 ms($s_x = 0.12$ ms),对"猜到"谜底的平均 RTs 为 919 ms($s_x = 0.07$ ms)。对"没猜到"谜底的 RTs 比对"猜到"谜底的 RTs 长,t(13)= 12.78,$p < 0.001$。说明如果被试自己想出的答案与标准答案一致,看到标准答案时被试能较快地做出反应;但是如果被试没有想出答案,或者被试自己想出的答案与标准答案不一致,看到标准答案时被试需要更长时间理解谜语的意思并做出反应,因此反应时较长。

3.2 ERP 结果

从 ERP 波形(图 5-2)可以看出,猜到和没猜到谜底诱发的 ERP 差异主要反映在 FRN 和 P300 上,在下文中我们将对这两个成分进行详细分析。

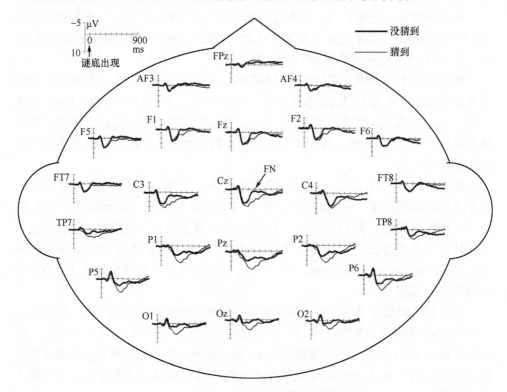

图 5-2　猜到和没猜到谜底诱发的 ERP 总平均图（$n = 14$）

1）FRN

从 ERP 波形图（图 5-2）可以看出，没猜到的谜底比猜到的谜底在 250~500 ms 时间段诱发出一个更加负性的 ERP 波，我们称其为 FRN，在差异波中这个负成分的峰潜伏期约在 380 ms（图 5-3）。 重复测量的 ANOVA 结果显示没猜到的谜底比猜到谜底诱发的 ERP 在 250 ms 和 500 ms 之间的平均波幅在负方向上更大 [F（1，13）= 42.83，$P<0.001$]。此外，电极位置主效应显著[F（22，286）= 14.85，$P<0.001$]，谜底与电极位置的交互效应显著[谜底 × 电极位置，F（22，286）= 8.43，$P<0.001$]。半球效应以及谜底和半球之间的交互效应没有达到显著性。

在差异波（没猜到–猜到）中可以看到在 250 ms 和 500 ms 之间有一个明显的负成分，测量这个成分在 Fz、Cz 和 Pz 点的波峰与潜伏期，结果显示最大波峰位于 Cz 点（$-5.78\pm0.76\mu V$），峰潜伏期约为 380 ms（379 ± 5.06 ms）。差异波的地形图和电流密度图显示在 380 ms 时额中央部的电压最高且电流密度最强（图 5-3）。

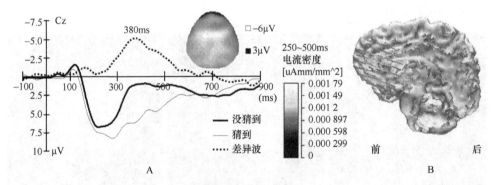

图 5-3　A：猜到、没猜到和差异波（没猜到–猜到）的 ERP 总平均图（$n=14$）（Cz 记录点以及差异波在 380 ms 时的地形图；B：差异波在 250~500 ms 时的电流密度分布图

2）P300

从 ERP 波形图（图 5-2）可以看出，没猜到谜底引发的 FRN 之后有一个小的晚期正成分（LPC）或 P300，而猜到的谜底诱发的 P300 波幅明显大于没猜到的谜底诱发的 P300，并且潜伏期明显短于没猜到的谜底诱发的 P300，而且在猜到的谜底诱发的 ERP 波形中，由于没有明显的 FRN 成分，P300 几乎与 P2 成分很难分开。

对猜到和没猜到的谜底引发的 P300 的波幅和潜伏期进行测量，重复测量 ANOVA 结果显示 P300 波幅的谜底主效应显著，说明猜到谜底比没猜到谜底诱发的 P300 波幅更大[F（1，13）= 38.92，$p<0.001$]。此外，电极位置主效应显著[F（22，286）= 10.61，$P<0.001$]，谜底与电极位置的交互效应显著[谜底 × 电极位置，F（22，286）= 6.78，$P<0.001$]。半球效应以及谜底和半球之间的交互效

应没有达到显著性。测量 P300 在 Fz、Cz、Pz 点的波峰，结果显示最大波峰位于 Pz 点（猜到：8.78±0.51μV；没猜到：3.98±0.43μV）。

P300 潜伏期分析结果显示谜底主效应显著，没猜到的谜底引发的 P300 潜伏期明显长于猜到的谜底引发的 P300 潜伏期[$F(1, 13) = 25.76$, $p < 0.001$]，在 Pz 点的潜伏期分别为：猜到：364±4.02 ms；没猜到：640±3.78 ms；P300 潜伏期的电极位置主效应显著[$F(22, 286) = 6.61$, $P < 0.05$]，进一步分析显示左右半球之间无显著差异；谜底和半球之间的交互效应没有达到显著性。

3）偶极子源定位分析

对没猜到和猜到的谜底诱发的 ERP 之间的差异波进行偶极子源定位分析，尝试性地定位 FRN 的神经发生源。该偶极子源定位方法是基于三壳球模型，在拟合过程中不限制偶极子的方向和位置。从结果中可以看出，对于 FRN，位于 ACC 附近的单个偶极子能够解释绝大多数的变异（位置：$x = -1.1$, $y = 17.2$, $z = 20.0$；残差 4.89%）。将该偶极子叠加到其中一名被试的磁共振结构像上，可以看出偶极子位于 ACC 附近（图 5-4）。

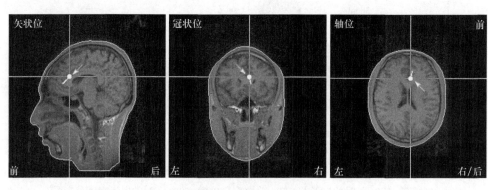

图 5-4　FRN 的偶极子源定位图

4　讨论

本研究的目的是考察在更复杂的认知任务——猜谜任务中无得失结果评价的神经机制。从 ERP 波形可以看出，在本研究中，我们仍然观察到了结果评价的 FRN 和 P300 效应，只是这两个成分的潜伏期更长，这可能是由于猜谜是一种更复杂的认知任务，与前面的研究中相对简单的赌博和欺骗任务及结果相比，理解谜底及对于谜底的评价可能需要更长的时间。

刺激呈现后 250～500 ms 的时间窗口，没猜到的谜底比猜到的谜底诱发的 ERP 有一个更加负向的偏移（FRN）。在差异波中（没猜到–猜到），这个负成分的潜伏期约为 380 ms，在头皮分布广泛，但以中央区明显。地形图和电流密度图显示，FRN 在额中央区活动最强。这说明 FRN 可能发生于中央前额叶皮层。偶极子源定位分析结果显示，FRN 的起源可能接近或位于 ACC。事实上，本研究中的 FRN 与其他 ERP 研究中的 FRN 在许多方面类似。Van Veen 和 Carter（2002b）在 Eriksen Flanker 任务中观察到 FRN 是一个峰潜伏期为 340～380 ms 的负成分。而且在有明显冲突时，所诱发的 FRN 明显增强。该成分的最大波峰位于 Cz 点，以额中央头皮分布为特点，其偶极子源定位于 ACC。作者认为额中央 FRN 起源于 ACC，可能反映了冲突监测的机制。本实验中的 FRN 与其有类似的潜伏期、额中央头皮分布及 ACC 起源。在本项猜谜任务研究中，谜面呈现后，被试开始思考谜底，无论是否想出谜底，被试都会形成一定的思路或心理定势，并且期望看到标准答案。因此，当标准答案与被试所期望的不一致时，也就是当被试没有想出谜底或被试想出的谜底与标准谜底不同，这时在原先的思路或期望与理解标准谜底的新的心理过程之间存在冲突。所以，FRN 可能体现了这种实际结果与期望或理解上的新旧思路之间的认知冲突，并且这种冲突可能伴随着心理定势的突破。

本研究中的 FRN 还与 Stroop 效应诱发的 ERP 成分在潜伏期、波的头皮分布及神经起源方面类似。在 Stroop 颜色-单词冲突作业中，形容颜色的词与字体本身颜色一致（如词"红色"用红颜色书写）或不一致（如词"红色"用绿颜色书写），要求被试迅速判断词呈现的颜色。不一致颜色词比一致颜色词的 ERP 在刺激呈现后 350～500 ms 形成一个更大的负波（峰潜伏期为 410 ms），该成分的头皮分布以前中央部最明显，偶极子源定位于 ACC（Liotti et al.，2000）。Stroop 效应的 PET 和 fMRI 研究也发现 ACC 的激活（McKeown et al.，1998；Derbyshire et al.，1998）。从该任务中可以看出在词义和颜色之间存在明显的冲突或竞争。因此，FRN 也可能与该成分一样，反映一种认知冲突。

本研究中的 FRN 峰潜伏期约为 380 ms，与 N400 接近，因此还应该将 FRN 的结果评价效应与 N400 进行比较。N400 是一个峰潜伏期约为 400 ms 的负性成分，由语义偏离句子上下文的单词诱发（Kutas and Hillyard，1980； Kutas and Hillyard，1983）。N400 和语义信息加工有关，并且这种语义信息与被试的语义期望不一致（Salmon and Pratt，2002； McPherson and Holcomb，1999）。许多研究认为 N400 可能反映了一个单词在给出的语义上下文中被期望出现的程度，当呈现的词与被试根据上下文而期望出现的词不一致时，存在一种冲突，所以 N400 也可能与语义冲突的监测有关。本研究中，猜谜作业也涉及语义加工，而且在谜面呈现后，被试开始设法思索谜底并且形成一种期望。标准答案与被试所期望的不一致时，也就是当被试没有想出谜底或被试想出的谜底与标准谜底不同，说明标准谜底与被试的思维习惯或期望不一致，就会诱发 FRN；反之，当标准谜底与被试自己想出的或被试期望的谜底一致时，不会出现 FRN。因此，FRN 也可能就是 N400，反映了已经形成的思维习惯对答案的期望程度或语义冲突的监测。然而，本研究中 FRN 的神经发生源与以前的研究中发现的 N400 的发生源不同。许多研究表明 N400 的发生源涉及许多脑区。颅内电极记录 ERP 发现从内侧颞叶、外侧颞叶（Elger et al., 1997）以及颞叶、额叶、顶叶结构（Guillem et al., 1995）都能记录到 N400。脑磁图（megnetoencephalogram，MEG）研究也发现颞叶参与 N400 的起源（Simos et al., 1997）。最近的一项 fMRI 研究也发现 N400 的发生源涉及许多脑区，包括双侧额下与颞内下皮层、左侧额叶皮层和左后部梭状回（Kiehl et al., 2002）。本研究采用偶极子源定位分析方法发现 FRN 的发生源可能位于 ACC。然而，应当强调的是偶极子源分析是一个逆问题，没有唯一解，而且由于源定位固有的局限性，源定位方法只是通过假定的有限几个偶极子试验性地模拟头皮电压分布来定位脑区。因此，应当谨慎考虑偶极子源定位分析结果。猜谜任务是一种复杂的高级思维过程，FRN 体现的可能是由多个脑区或它们之间的相互作用完成的复杂脑加工过程，只提出一个源解释这样一个与结果评价过程中认知冲突有关的复杂认知过程是有一定危险性的。对于参与复杂认知活动中结果评价的脑区，目前的结果只是提供了一个模型，而不是经验数据。此外，最近的一项事件相关 fMRI 研究也发现右侧海马在类似的猜谜任务中激活（Luo and Niki, 2003）。因此，FRN 也可能就是 N400，我们不能排除包括内侧颞叶（medial temporal lobe，MTL）在内的其他脑区也可能是 FRN 的发生源。

没猜到的谜底引发的 FRN 之后有一个小的晚期正成分（LPC）或 P300，而猜到的谜底诱发的 P300 波幅明显大于没猜到的谜底诱发的 P300，而潜伏期明显短于没猜到的谜底诱发的 P300，这可能反映了 P300 的情绪效应。当标准答案与被试自己想的答案一致时，被试立即体验到一种猜准答案的喜悦，因此潜伏期比较短；而当被试没有猜到答案或猜到的答案不如标准答案好时，首先出现的是一种新旧思路或实际结果和期望之间的认知冲突，表现在 FRN 上，随后才会有一种情绪加工，这种情绪可能会是没猜到答案的沮丧感，但由于没猜到答案与自己并没有什么切身的利益，如前面研究中的失钱，所以被试的这种负性情绪非常弱，因此观察到的 P300 波幅非常小。所以，P300 波幅反映的情绪加工可能与被试情绪体验的强弱有关，某种情绪强 P300 波幅就会增大，而与情绪的效价（也就是正负性）没有固定的对应关系。

总之，FRN 可能起源于 ACC，体现了高级思维活动中新旧思路之间的认知冲突，并且这种冲突可能伴随着心理定势的突破。P300 反映的可能是结果评价过程中的情绪加工，并且 P300 波幅反映的情绪加工可能与被试情绪体验的强弱有关，某种情绪强 P300 波幅就会增大，而与情绪的效价（也就是正负性）没有固定的对应关系。

第六章 总讨论和结论

第一节 复杂认知活动中结果评价的神经机制研究

1 纵向研究

为了研究复杂认知活动中结果评价的神经机制，我们先从纵向角度由浅入深、由简单到复杂地研究了简单反应任务、简单欺骗任务和交互式欺骗任务中结果评价的神经机制。

在实验一的简单反应任务条件中，我们发现在反馈阶段的差异主要表现在得钱与失钱的差异上，这一结果与前人采用简单赌博或奖惩游戏得到的结果比较一致（Miltner et al.，1997；Holroyd and Coles，2002；Holroyd et al.，2003，2004a；Nieuwenhuis et al.，2004； Yeung and Sanfey，2004）。从 ERP 的波形上，这一差异主要反映在两个成分上，一个是失钱条件下 200～400 ms 的一个明显的负成分上，这个负成分的峰潜伏期约在 300 ms，我们称其为 FRN；另一个是在得钱条件下 200～400 ms 的时间段表现为明显的 P300，峰潜伏期约为 300 ms，而失钱条件下的 P300 出现在 FRN 之后，因而潜伏期明显长于得钱条件，其峰潜伏期约为 390 ms。FRN 成分与 P300 成分如图 6-1 所示。这一结果说明了这两个成分代表了最基本的得失条件下结果评价的神经过程。

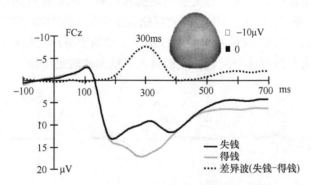

图 6-1　不一致反应后得钱和失钱反馈诱发的 ERP 总平均波和它们的差异波，以及差异波 300 ms 时的地形图

在实验二的简单欺骗任务条件下，我们采用与实验一完全一样的实验任务，只是改变了指导语，使被试认为自己在参与一个与计算机之间的欺骗游戏。这样，被试在简单的得钱与失钱之外，在评价结果时还带入了自己对结果的欺骗动机与想欺骗成功的期望，而且在欺骗失败和成功后引发了附加的挫折和喜悦情绪。实验

结果表明，简单欺骗条件下被试在看到欺骗失败的反馈符号时，可以在 180～380 ms（峰值为 290 ms）引发一个明显的负成分，这个负成分的峰潜伏期约在 290 ms，也是 FRN；而在欺骗成功条件下 200～400 ms 的时间段也表现出了明显的 P300 成分，峰潜伏期约为 290 ms，欺骗失败时的 P300 潜伏期也比欺骗成功时长，峰潜伏期约为 390 ms；FRN 与 P300 成分如图 6-2 所示。这个结果首先肯定了我们关于 FRN 与 P300 代表了有得失条件下结果评价阶段基本神经过程的结论。

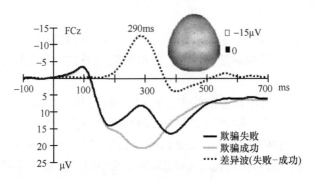

图 6-2　欺骗失败和成功反馈诱发的 ERP 总平均波和它们的
差异波，以及差异波 290 ms 时的地形图

接下来，我们将简单反应条件下的实验结果与简单欺骗条件下的实验结果做了一个差异波，得出了一个非常有意思的结果，在欺骗条件下，被试无论是在 FRN 还是 P300 成分上都表现出了比简单反应条件更大的波幅，如图 6-3 所示。我们已经说过，在欺骗条件下，被试有更强的动机和期望，从而在看到结果时产生更强的冲突，但是，随之而来的就很有可能伴随着更强的情绪体验，那么到底 FRN 和 P300 这两个结果评价阶段最基本的成分哪一个和期望与冲突相对应，哪一个和情绪相对应呢？为了回答这个问题，我们转入了横向比较的阶段。

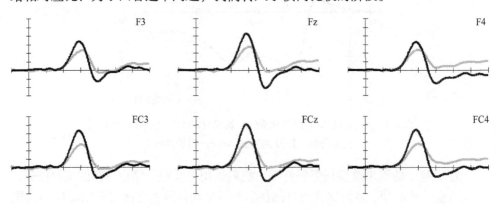

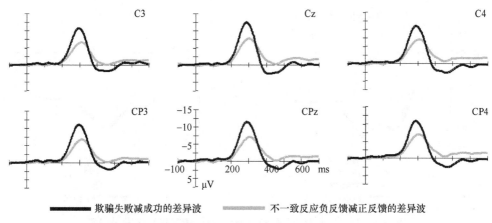

━━━━ 欺骗失败减成功的差异波　　　━━━━ 不一致反应负反馈减正反馈的差异波

图 6-3　欺骗失败减成功的差异波与不一致反应负反馈减正反馈的差异波的比较

2　横向研究

为了回答我们纵向比较阶段的实验结果提出的问题，即 FRN 和 P300 这两个结果评价阶段最基本的成分哪一个和期望与冲突相对应，哪一个和情绪相对应？我们进行了一系列从不同角度、不同范式、不同任务出发的横向研究。

首先，我们继续采用了欺骗研究的范式，为了进一步考察 FRN 和 P300 的关系，我们将交互式的研究引入到欺骗研究中来。

从 ERP 波形（图 6-4）可以看出，在被试自己坐庄时，FRN 对于得失和被试的动机或行为都比较敏感，表现为不管是得钱还是失钱，诚实反应结果比欺骗反应结果诱发的 FRN 波幅在负方向上更大；而不论是欺骗还是诚实反应，失钱都比得钱诱发的 FRN 波幅更大。而在对家坐庄时，FRN 对于得失和被试的动机或行为的敏感性下降，表现为在相信条件下，失钱比得钱诱发的 FRN 波幅更高；而在不相信条件下，失钱与得钱的 FRN 波幅没有显著差异。在得钱情况下，不相信时得钱比相信时得钱诱发的 FRN 波幅在负方向上更大；而在失钱情况下，不相信时失钱诱发的 FRN 波幅并不比相信时失钱大。与前面两个简单实验相比，诚实和欺骗反应后的得钱或失钱在量上是一样的，这样在得失数量上就已经匹配，在这个基础上 FRN 的差异可能说明不同的动机或行为影响着被试对于结果的期望，反映为在失钱情况下冲突的强弱所表现的 FRN 波幅的高低。在被试自己坐庄时，诚实反应结果比欺骗反应结果诱发的 FRN 波幅更大，可能说明被试对于取得对家的信任比骗对家成功的动机更强。而在对家坐庄时，被试对信任对家而得钱的期望比不信任可能更强。

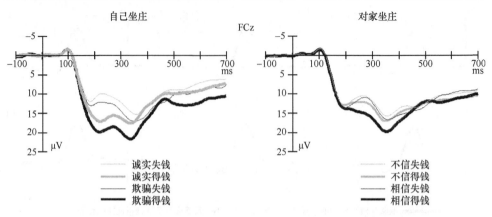

图 6-4　自己坐庄和对家坐庄时的结果反馈诱发的 ERP 总平均波

　　对于 P300，在自己坐庄时，P300 对于得失和被试的动机都比较敏感，表现为不管是得钱还是失钱，欺骗反应结果比诚实反应结果诱发的 P300 波幅更大；而不论是欺骗还是诚实反应，得钱比失钱诱发的 P300 波幅更大。可能说明被试对于欺骗结果的情绪体验更强，欺骗成功的喜悦强于被信任的喜悦，欺骗失败的沮丧强于被冤枉的失望。在对家坐庄时，被试对于得失的敏感性降低，表现为在相信条件下，得钱的 P300 波幅显著高于失钱；而在不信条件下，得钱诱发的 P300 波幅不比失钱大。同时 P300 波幅对于被试动机仍然比较敏感，表现为不管在得钱还是失钱情况下，相信时比不相信时诱发的 P300 波幅更大。可能说明被试对于信任对家所导致结果的情绪体验更强，信任对家得钱的喜悦强于抓住对家骗自己的喜悦，被骗的失望或气愤强于冤枉对家的沮丧。

　　因此，通过对交互式欺骗的研究，我们进一步发现动机在结果评价过程中起重要作用，这种作用也主要表现在 FRN 和 P300 上。

　　除了欺骗研究，在结果评价方面一个非常重要的研究范式就是赌博任务，在这方面，已经有了大量研究（Gehring and Willoughby 2002； Mellers 2000；Falkenstein，Hohnsbein et al. 1991）。但如何在赌博任务条件下从功能上分离 FRN 与 P300 成分却一直没有很好的办法，考虑到期望与冲突的成分可以被赌博概率和收获所调节，而情绪成分则可以用是否选择赌博行为本身所调节，我们与美国密西根大学的 Gehring 教授合作，设计了一个不同输赢概率条件下的赌博实验，试图验证这个问题。

　　由赢的概率为 50% 和 75% 时被试选择赌的结果诱发的 ERP（图 6-5）可以看出，75% 的赢的概率比 50% 的 FRN 波幅更大，尤其在失钱情况下，这种赢的概率之间的差异更大；而且赢的概率越大，失与得的差异就越大，也就是失钱诱发的 FRN 波幅比得钱诱发的更大。赢的概率反映的是被试对于结果的预测，也就是期望。根据赢的概率的大小，被试对于得钱的可能性大小有个预测，当被试选择了赌，那么他/她的预测或期望是得钱，但是当结果反馈是失钱时，结果与期望不一致，因此可能产生一种冲突。赢的概率越大，期望也就越大，当结果为失钱时冲突也就越高，FRN 波幅很清楚地反映了赢的概率所表示的这种期望的高低，以及当实际结果与期望不一致时的冲突高低。

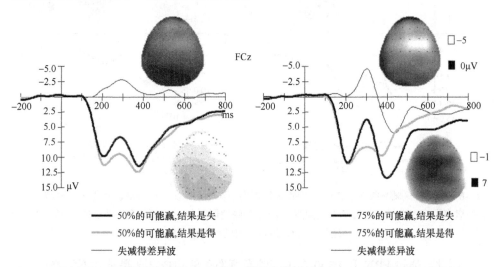

图 6-5　不同赢的可能性的情况下被试选择赌以后得失结果引发的 ERP 波和失减得差异波，以及差异波 300 ms（上）和 440 ms（下）时的地形图

　　而 P300 波幅在赢的概率为 50%时，得失之间的差异不显著；这可能因为在赢的概率为 50%时，虽然被试作出了赌的决定，但他/她知道得和失的可能性是一样的，所以当结果为失时没有明显的失望情绪，因此 P300 波幅的得失差异不显著。

　　进一步的分析发现（图 6-6），对于 FRN 来说，其大小和波幅受被试选择的影响，在被试选择赌的条件下，无论结果是输还是赢都出现了明显的 FRN，而且失的波幅比赢高，注意到这是在 75%赢的概率下，被试有最大的动机和期望选择。而在被试选择不赌的条件下，无论结果输赢，FRN 的大小都没有明显差别，而这时的赢钱概率是 25%，被试拥有最小的动机和期望选择。这个结果说明 FRN 的大小明显受被试的选择和动机期望所影响。

　　而 P300 在被试选择不赌的情况下也能观察到得失效应，表现为在赢的概率为 25%，被试选择不赌时，P300 波幅在得钱明显高于失钱；而在赢的概率为 75%，被试选择赌时，P300 波幅在失钱明显高于得钱。这可能说明 P300 反映了一种决策的对错引起的情绪反应。当被试选择不赌时，虽然得失结果已经与自身的利益无关，但当结果为得时对于被试也是一种损失，说明被试的决策错误，从而产生一种负性情绪，如沮丧等。但是这种不赌时导致的损失可能不如赌时失钱的损失大，因此这种负性情绪相对弱一些，表现为 P300 波幅在选择不赌时的得失差异不如选择赌时的得失差异大，潜伏期也更短一些。

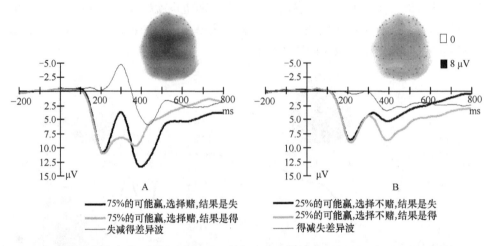

图 6-6　不同输赢概率条件下被试选择赌或不赌以后得失结果引发的 ERP 波和得失差异波，以及赢的概率为 75%选择赌时失减得差异波 440 ms 时的地形图（A）和赢的概率为 25%选择不赌时得减失差异波 390 ms 时的地形图（B）

因此，通过 FRN 和 P300 在不同输赢概率条件和被试选择条件下的差别，我们就从功能上进一步实现了两者的分离。

正像我们在问题提出部分所说的，目前关于结果评价的研究大多数都是基于有奖惩的实验设计，而很少讨论无奖惩条件下的情况。没有特定奖赏特征的反馈刺激是否会引发评价系统的活动呢？对于这个问题的回答可以帮助我们更深入地理解 FRN 和 P300 所代表的评价加工的意义。如果 FRN 和 P300 反映的只是对于结果刺激的基本特征（比如得失、奖赏的价值）的加工，那么在无奖赏条件下的任务中将观察不到这两个 ERP 成分；相反，如果在无奖赏条件下也观察到这些成分，那么 FRN 和 P300 反映的可能不仅仅是对结果刺激的特征的评价加工，它们可能具有更高级的评价加工功能。因此，非常有必要对无奖惩条件下的研究进行讨论。

我们选择了猜谜任务作为无奖惩条件下的结果评价研究范式，因为猜谜是一个比较复杂的过程，包括很多阶段，如对谜面的理解，对谜语的加工，对谜底的评价。其中，对谜底的评价正是一个非常特殊与难得的无奖赏条件下的结果评价过程。尽管最后没有钱的奖励，但被试在猜谜过程中同样能产生想猜对的动机和期望以及是否猜到的情绪体验，这正是我们需要的。

实验结果(图 6-7)发现，从 ERP 波形中我们仍然观察到了结果评价的 FRN 和 P300 效应，只是这两个成分的潜伏期更长，这可能是由于猜谜是一种更复杂的认知任务，与前面的研究中相对简单的赌博和欺骗任务及结果反馈相比，理解谜底及对于谜底的评价可能需要更长的时间。刺激呈现后 250～500 ms 的时间窗口，没猜到的谜底比猜到的谜底诱发的 ERP 有一个更加负向的偏移（FRN）。在差异波中（没猜到–猜到），这个负成分的潜伏期约为 380 ms，在头皮分布广泛，但以中央区明显。在本项猜谜任务研究中，谜面呈现后，被试开始思考谜底，无论是否想出谜底，被试都会形成一定的思路或心理定势，并且期望看到标准答案。因此，当标准答案与被试所期望的不一致时，也就是当被试没有想出谜底或被试想出的谜底与标准谜底不同，这时在原先的思路或期望与理解标准谜底的新的心理过程之间存在冲突。所以，FRN 可能体现了这种实际结果与期望或理解上的新旧思路之间的认知冲突，并且这种冲突可能伴随着心理定势的突破。

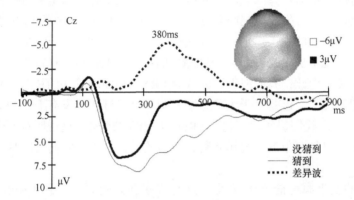

图 6-7　猜到、没猜到和差异波（没猜到–猜到）的 ERP 总平均图以及
差异波在 380 ms 时的地形图

　　没猜到的谜底引发的 FRN 之后有一个小的 P300，而猜到的谜底诱发的 P300 波幅明显大于没猜到的谜底诱发的 P300 波幅，并且潜伏期明显短于没猜到谜底诱发的 P300，这可能反映了 P300 的情绪效应。当标准答案与被试自己想的答案一致时，被试立即体验到一种猜准答案的喜悦，因此潜伏期比较段；而当被试没有猜到答案或猜到的答案不如标准答案好时，首先出现的是一种新旧思路或实际结果和期望之间的认知冲突，表现在 FRN 上，随后才会有一种情绪加工，这种情绪可能会是没有猜到答案的沮丧感，但由于没有猜到答案与自己并没有什么切身的利益，如前面研究中的失钱，所以被试的这种负性情绪非常弱，因此观察到的 P300 波幅非常小。所以，P300 波幅反映的情绪加工可能与被试的情绪体验的强弱有关，某种情绪强 P300 波幅就会增大，而与情绪的效价（也就是正负性）没有固定的对应关系。

　　通过没有奖惩的猜谜任务，我们再一次将 FRN 和 P300 分离开来。与结果评价加工有关的 FRN 和 P300 在功能上表现出了明显的认知和情绪分离现象：FRN 反映的是一种实际结果与期望不一致或高级思维过程中新旧思路之间不一致时认知冲突加工,而 P300 反映的是对结果刺激的情绪评价加工,并且 P300 波幅的高低与被试自己的情绪体验强弱有关。同时,不同实验结果还显示期望水平或动机都对认知冲突和随后的情绪加工有着重要影响。

第二节 复杂认知活动中结果评价的神经机制讨论

1 FRN 和 P300 的功能分离

在本研究中我们观察到 FRN 和 P300 是与结果评价加工有关的主要成分,而且观察到对于结果刺激的不同属性,如效价(得失)和钱的多少,在脑内的加工是同时进行的,但对这些结果的不同属性的评价加工在时间上又有些分离。对于有奖惩结果刺激,得失效应在结果反馈出现后的 300 ms 之内的 FRN 上已经有明显的表现,而多少的加工更主要地在较晚 P300 的时间段进行。Yeung 和 Sanfy(2004)更是观察到 FRN 只与奖赏的效加有关,P300 在选择行为结果中只与奖惩的多少有关。由此,我们似乎可以认为 FRN 和 P300 反映的是对结果刺激的不同属性的评价加工。但是对于无奖惩结果刺激,如谜底(没有上述的这种得失和奖惩价值特征),我们仍然观察到了 FRN 和 P300 的变化。这说明这两个成分所进行的加工不仅仅是简单的好与坏和奖惩价值的评价加工,它们可能具有更本质的意义。

FRN 的发生源可能位于 ACC,这与许多前人的研究一致(Miltner et al.,1997; Gehring and Willoughby,2002;Holroyd and Coles,2002),在一些奖赏加工的神经成像研究中也观察到了这个区域的激活(Elliott et al.,2000;Knutson et al.,2000;Delgado et al.,2003)。与我们的结果一致的是这个区域对于负性结果比正性结果更敏感(Knutson et al.,2000; Delgado et al.,2003),并且最近的证据也表明这个区域对于奖赏的多少相对不敏感(Delgado et al.,2003)。因此,我们对于 FRN 的认识可以进一步从 ACC 的功能方面来理解,因为近年来对于 ACC 的研究取得了很大进步,并且提出了一些对其功能的理论解释,其中最重要的就是冲突监测理论。既然 FRN 也起源于 ACC,那么它很可能反映的是结果评价过程中的冲突加工,这种冲突主要是实际结果与期望的结果不一致时的认知冲突。以简单反应行为实验为例,被试在按完键以后,总是期望看到得钱的反馈,所以当失钱的反馈出现时,与被试的期望不符,导致被试的心理冲突。

FRN 反映了实际结果与期望不一致或高级思维过程中新旧思路之间不一致时的认知冲突。那么在实际结果与期望一致和不一致的条件下都能清楚地观察到的 P300 反映了什么加工? 在有奖惩实验中,P300 与奖惩的效价以及奖惩的多少都有关系,而在无奖惩实验中,我们仍然能观察到 P300,这说明 P300 进行的不是简单的对结果属性的评价加工，它更可能反映的是一种高级情绪评价加工，包括得钱时的正性情绪（如喜悦、愉快等），失钱和做出不正确的选择或错误决策导致的负性情绪（如失望、沮丧、遗憾等）。

对于 P300 的发生源，目前还没有一致的结果。我们的源定位分析结果显示，P300 的发生源也可能位于 ACC，但与 FRN 的发生源相比，P300 的发生源更靠近 ACC 的喙部。这个结果与近年提出的关于 ACC 的认知和情绪功能分离的观点很类似，这个观点认为 ACC 的背侧认知亚区和喙腹侧情感亚区分别进行着认知信息和情绪信息的加工（Bush et al.，2000）。其中 ACC 的喙腹侧区域主要参与情绪和动机信息的评价及情绪反应的调节。

所以，与结果评价加工有关的 FRN 和 P300 在功能上表现出明显的认知和情绪的分离现象：FRN 反映的是一种实际结果与期望不一致或高级思维过程中新旧思路之间不一致时的认知冲突加工，而 P300 反映的是对结果刺激的情绪评价加工，并且 P300 波幅的高低与被试自己的情绪体验强弱有关。

2　期望、动机与冲突

从上面的讨论中我们得出 FRN 可能反映结果评价过程中的认知冲突加工。为了进一步理解这种冲突加工的本质，我们将对 FRN 进行更详细的分析。

事实上，本研究中的 FRN 与其他典型冲突任务（如 Flanker 任务和 Stroop 任务）中的 N2 成分在许多方面类似。Van Veen 和 Carter（2002b）在 Eriksen Flanker 任务中观察到 N2 是一个峰潜伏期为 340～380 ms 的负成分。而且在有明显冲突时，所诱发的 N2 明显增强。该成分的最大波峰位于 Cz 点，以额中央头皮分布为特点，其偶极子源定位于 ACC。作者认为额中央 N2 起源于 ACC，可能反映了冲突监测的机制。此外，在 Stroop 颜色-单词冲突任务中，形容颜色的词与字体本身颜色一致（如词"红色"用红颜色书写）或不一致（如词"红色"用绿颜色书写），要求被试迅速判断词的呈现颜色。不一致颜色词比一致颜色词的 ERP 在刺激呈现后 350～500 ms 形成一个更大的负波（峰潜伏期为 410 ms），该成分的头皮分布以前中央部最明显，偶极子源定位于 ACC（Liotti et al.，2000）。Stroop 效应的 PET 和 fMRI 研究也发现 ACC 的激活（McKeown et al.，1998；Derbyshire et al.，1998）。从该任务中可以看出在词义和颜色之间存在明显的冲突或竞争。因此，FRN 很可能与这些任务中观察到的 ERP 成分一样，反映一种认知冲突。

结果评价过程中的冲突加工主要是实际结果与期望的结果不一致时的认知冲突。在简单反应行为实验中，被试在按完键以后，总是期望看到得钱的反馈，所以当失钱的反馈出现时，与被试的期望不符，导致被试的心理冲突；而在得钱的情况下，实际结果与被试的期望一致，也就没有认知冲突，因此观察不到明显的 FRN。在简单欺骗行为实验中，被试在做出欺骗反应以后，总是期望能够欺骗成功，所以当欺骗失败的反馈出现时，与被试的期望不符，导致被试的心理冲突；而在欺骗成功的情况下，实际结果与被试的期望一致，也就没有认知冲突，因此观察不到明显的 FRN。在赌博行为实验中，当被试做出赌的决定和反应后，总是期望着能够赢钱，因此看到输钱的结果时，产生一种认知上的冲突，表现为 FRN 波幅的增高；而被试不赌时，结果反馈已经与被试自己的利益没有直接关系，被试也就不会有明显的期望，因此也就不会有冲突，所以 FRN 在得失之间的差异不明显。此外，该实验中引入输赢概率因素，进一步证明了这种认知冲突的存在，以及冲突与期望之间的关系，赢的概率越大，期望也就越大，当结果为失钱时冲突也就越高，FRN 波幅很清楚地反映了赢的概率所表示的这种期望的高低以及当实际结果与期望不一致时的冲突高低。在猜谜行为实验中，FRN 对于无奖惩结果刺激的反应，进一步说明了它所反映的是一种认知冲突加工。当被试自己想出的谜底与标准谜底不同，或自己没能想出谜底时，被试在看到标准谜底时需要一种新的思路对其进行理解，这时在原先的思路或旧的思维习惯与新的心理过程之间存在冲突，因此 FRN 可能体现了这种理解上的新旧思路之间的认知冲突。

另外，内在动机也是影响结果评价的重要因素。认知评价理论认为内在动机是由与外界环境交互中必备的能力和自我决断的天性所驱动的（Deci，1975；Deci and Ryan，1985）。完成它所驱动的行为后带来的能力感、自主感和其他正性情绪，如高兴和激动，还有顺利完成的流畅感都是对内在动机的奖励。内在动机在多种复杂任务中都有着明显的表现。在本研究中，我们观察到了动机对于 FRN 波幅的影响。简单欺骗任务与简单反应任务的程序完全一样，只是二者的指导语不同，在简单欺骗任务中我们引入了欺骗的心理成分，也就是让被试具有了比简单反应任务中更强的动机。FRN 波幅在两组被试之间的差异很好地反映了动机效应。在交互式欺骗任务中我们引入了更多的心理成分，欺骗和诚实及信任和冤枉，结果观察到了 FRN 波幅在不同心理成分之间的差异，这对 FRN 波幅的动机效应提供了进一步的证据。但是，我们不清楚的是是动机直接影响 FRN，还是动机通过期望影响 FRN，也就是不同的动机所产生的期望水平不同，动机强，则期望高，因此当实际结果与期望不一致时的冲突也就更强，表现为 FRN 波幅更高。

3 情绪体验

情绪是对客观事物态度的主观体验，为人和动物所共有。这个概念主要包括三个方面的内容：生理机制（如皮层、皮层下神经活动等）、主观体验（如喜悦、悲伤和愤怒等）及外在表现（面部表情、身体姿态和动作等）。目前，针对情绪体验的 ERP 研究很多，一个重要的结果就是情绪体验与 P300 的出现有关，正性和负性情绪均可引起 P300 的变化，但幅度不同。以前关于情绪的研究发现，与正性情绪图片相比，负性情绪图片可以诱发更大的 P300（Ito et al., 1998），说明 P300 波幅与刺激的效价有关，可能反映了一种对负性情绪图片的厌恶反应。另外，也有人有相反的发现，即愉悦刺激比非愉悦刺激诱发了更大的皮层正电位（Michalski A., 1999）。

在我们的研究中，所有的实验在结果评价阶段都发现了明显的 P300，无论是有奖惩的简单反应，还是欺骗或者赌博，甚至是没有奖惩的猜谜任务都是这样。以前的简单任务发现 P300 波幅对于钱的多少很敏感，它的波幅随着赢或输钱量的增加而增大（Yeung and Sanfey, 2004；Sutton et al., 1978；Johnston, 1979）。当被试给予钱多的结果更大的注意时也可能会引起整个 EEG 波幅的增加。因为在 FRN 波幅上没有观察到类似的现象，所以钱的多少对于 P300 波幅的影响反映的可能是一种有意义的神经加工过程的变化，在选择和没有选择的情况下钱的多少对 P300 波幅的影响可能说明这个成分反映了对奖赏大小的一种客观的编码加工，而与实际是否获得了这种奖赏无关。

那么，这种结果评价阶段的 P300 是否和情绪体验有关呢？ 在没有任务和背景下的结果评价中，简单的+1、-1 这种反馈无疑是没有任何情绪体验的。但在有奖惩的背景后，被试就对简单的反馈附加了期望，这样在结果评价时就会引起情绪体验。得钱的奖励引起正性情绪（如喜悦），而失钱的惩罚则引起负性情绪（如沮丧）。P300 的出现正代表了这种情绪体验，在我们的实验一中正是这样。这种简单的情绪体验在更加复杂的认知活动中又得到了进一步加强，如欺骗、赌博这样的行为除了结果的奖赏外，更加引入了动机的影响，被试在这些复杂的认知活动中带着很强的动机，如欺骗对方或赢得赌博。在这种动机背景下，结果所带来的情绪体验又进一步加强了。在我们的实验二中，简单欺骗比简单反应引起了更强的 P300 就是最好的证明。这一对比同样反映在交互式欺骗的实验三中，同样的反馈条件下，当被试选择了欺骗对手时比选择诚实引起了更强的 P300，我们认为这正是由于欺骗动机的强度比诚实强，从而更强的动机引起了更强的情绪反应。被试的情绪体验同样发生在无奖惩的情况下。我们的实验五中，被试在猜到了结果的条件下比没有猜到结果引发了更强的 P300，正说明了这一点。

在我们的研究中还观察到了一种有趣的现象：一方面，在赌博实验中，失钱诱发的 P300 波幅比得钱更大；而在欺骗实验中，得钱诱发的 P300 波幅比失钱更大。这说明 P300 波幅可能不能反映情绪的效价，它可能与被试自己的情绪体验的强弱有关。另外也有研究支持我们的解释，这些研究发现 P300 与情绪刺激图片的唤醒度（arousal）有关，唤醒度越高，P300 波幅越大（Polich and Kok, 1995）。在我们的研究中所观察到的 P300 波幅与奖惩多少的关系可能说明了结果刺激的情绪唤醒作用，钱多比钱少的唤醒度更大，因而钱多的结果刺激引发的 P300 波幅更高。另一方面，唤醒度的高低反映的可能就是被试情绪体验的强弱。所以，我们的研究中 P300 波幅的高低反映的可能是结果刺激对于被试的唤醒的高低或被试正负性情绪体验的强弱。在欺骗任务中，欺骗成功的 P300 波幅明显高于欺骗失败的 P300 波幅，可能说明欺骗成功的喜悦明显强于欺骗失败的沮丧。

第三节　结论与展望

结果评价的神经机制是目前认知神经科学研究的热点问题，本研究在已有的实验和理论基础上，重点考察复杂认知活动中结果评价的神经机制。我们通过选取三种涉及结果评价的复杂认知活动：赌博、欺骗和猜谜作为研究任务，从不同任务中同一阶段的横向比较和同一任务中不同条件的纵向比较入手，试图对这一问题作出比较全面的回答。

我们研究的主要发现：

（1）不同任务以及有奖赏和无奖赏的结果评价加工都伴随着 FRN 和 P300 的出现，说明 FRN 和 P300 是与结果评价加工有关的两个基本 ERP 成分。偶极子源定位分析显示，FRN 起源于 ACC 背侧尾部，而 P300 的起源靠近 ACC 的喙部。

（2）与结果评价加工有关的 FRN 和 P300 在功能上表现出明显的认知和情绪的分离现象：FRN 反映的是一种实际结果与期望不一致或高级思维过程中新旧思路之间不一致时认知冲突加工，而 P300 反映的是对结果刺激的情绪评价加工，并且 P300 波幅的高低与被试自己的情绪体验强弱有关。

（3）期望和动机对结果评价过程中的冲突成分和情绪成分有着重要影响，这种影响也主要表现在 FRN 和 P300 上。总的来说，任务越复杂，被试的期望和动机越强，结果评价阶段所引起的认知冲突和随后的情绪体验也越强。

本研究具有重要的理论意义和现实意义。在理论意义上，结果评价阶段是人类认知行为中重要的组成部分，对其的研究对相关的决策、反馈和其他社会认知研究都有着重要的影响；在现实意义上，赌博、欺骗和猜谜等是人类社会生活中常见的行为，对它们的脑机制研究对我们理解和分析人类行为有着重要意义，在教育和经济领域都有十分重要的应用价值。

此外，本研究也存在一些不足之处。首先，我们的研究采用的都是 ERP 技术，ERP 虽然具有很高的时间分辨率，但其空间分辨率比较差。虽然我们采用偶极子定位的方法试图弥补这一不足，但是偶极子源分析是一个逆问题，没有唯一解，而且由于源定位固有的局限性，源定位方法只是通过假定的有限几个偶极子试验性地模拟头皮电压分布来定位脑区。因此，应当谨慎考虑偶极子源定位分析结果。其次，我们的研究重点集中在结果评价阶段，但实际上在复杂认知活动中的其他阶段，如决策、执行等都会对最后的结果评价有不同影响，产生复杂的交互作用，本研究也没有将它们完全考虑到。

  下一步的研究，我们将首先采用具有更高空间分辨率的 fMRI 方法来进一步验证我们的实验结果，确定结果评价相关的脑区；同时，还打算通过采用欺骗研究和赌博研究中的其他实验范式之间的横向比较来进一步检验和讨论动机、期望和情绪在结果评价过程中的具体影响，并且希望能对结果评价之前的各个认知阶段进行综合考察，分析其相互之间的关系，以便最终得出一个更完整的关于复杂认知活动中结果评价的神经机制的理论。

参 考 文 献

索涛，冯廷勇，顾本柏，等. 2011. 责任归因对"做效应"的调控及其 ERP 证据. 心理学报，43：1430-1440.

王益文，袁博，林崇德，等. 2011. 人际关系影响竞争情境下结果评价的 ERP 证据. 中国科学：生命科学，41：1112-1120.

吴燕，罗跃嘉. 2011. 利他惩罚中的结果评价——ERP 研究. 心理学报，43： 661-673.

张慧君，周立明，罗跃嘉. 2009. 责任对后悔强度的影响：来自 ERP 的证据. 心理学报，41：454-463.

Anderson AK，Christoff K，Stappen I，et al. 2003. Dissociated neural representations of intensity and valence in human olfaction. Nature Neuroscience，6:196-202

Andreasen NC，Oleary DS，Cizadlo T，et al. 1995. Remembering the past - 2 facets of episodic memory explored with positron emission tomography. American Journal of Psychiatry，152: 1576-1585

Arnold MB. 1950. An excitatory theory of emotion. In M.L. Reymert (Ed.)，Feelings and emotions. New York: McGraw-Hill

Barch DM，Braver TS，Carter CS，et al. 2000. Anterior cingulate and the monitoring of response conflict: evidence from an fMRI study of overt verb generation. Journal of Cognitive Neuroscience，12: 298-309

Bashore TT，Rapp PE. 1993. Are there alternatives to traditional polygraph procedures. Psychological Bulletin，113: 3-22

Baxter MG，Murray EA. 2002. The amygdala and reward. Nat Rev Neurosci，3: 563-573

Bechara A，Damasio AR，Damasio H，et al. 1994. Insensitivity to future consequences following damage to human prefrontal cortex. Cognition，50: 7-15

Bellebaum C，Daum I. 2008. Learning - related changes in reward expectancy are reflected in the feedback–related negativity. European Journal of Neuroscience，27: 1823-1835.

Bellebaum C，Polezzi D，Daum I. 2010. It is less than you expected: the feedback-related negativity reflects violations of reward magnitude expectations. Neuropsychologia，48: 3343-3350.

Bench CJ，Frith CD，Grasby PM，et al. 1993. Investigations of the functional-anatomy of attention using the stroop test. Neuropsychologia，31: 907-922

Berns GS，McClure SM，Pagnoni G，et al. 2001. Predictability modulates human brain response to reward. J Neurosci，21:2793-2798

Binner PR. 1975. Output value analysis: An overview. In Willer B，Miller G amd Cantrell L (Eds.)，Information and feedback or evaluation (pp 21-27). Toronto，Canada: York University

Botvinick M，Nystrom LE，Fissell K，et al. 1999. Conflict monitoring versus selection-for-action in anterior cingulate cortex. Nature，402: 179-181

Botvinick MM，Braver TS，Barch DM，et al. 2001. Conflict monitoring and cognitive control. Psychological Review，108: 624-652

Botvinick MM. 2007. Conflict monitoring and decision making: reconciling two perspectives on anterior cingulate function. Cognitive，Affective & Behavioral Neuroscience，7: 356-366.

Breiter HC，Aharon I，Kahneman D，et al. 2001. Functional imaging of neural responses to expectancy and experience of monetary gains and losses. Neuron，30: 619-639

Buckner RL，Petersen SE，Ojemann JG，et al. 1995. Functional anatomical studies of explicit and implicit memory retrieval tasks. Journal of Neuroscience，15: 12-29

Bush G，Luu P，Posner MI. 2000. Cognitive and emotional influences in anterior cingulate cortex. Trends Cogn Sci，4: 215-222

Bush G，Vogt BA，Holmes J，et al. 2002. Dorsal anterior cingulate cortex: a role in reward-based decision making. Proceedings of the national academy of sciences USA，99: 523–528

Bush G，Whalen PJ，Rosen BR，et al. 1998. The counting stroop: an interference task specialized for functional neuroimaging-validation study with functional MRI. Hum Brain Mapp，6: 270-282

Calder AJ，Lawrence AD，Young AW. 2001. Neuropsychology of fear and loathing. Nat Rev Neurosci，2:352-363

Campbell KB，Courchesne E，Picton TW，et al. 1979. Evoked potential correlates of human information processing. Biological Psychology，8: 45-68

Carter CS，Braver TS，Barch DM，et al. 1998. Anterior cingulate cortex，error detection，and the online monitoring of performance. Science，280: 747-749

Carter CS，Macdonald AM，M Botvinick，et al. 2000. Parsing executive processes: Strategic vs. evaluative functions of the anterior cingulate cortex. Proceedings of the National Academy of Sciences of the United States of America，97: 1944-1948

Carter CS，Mintun M，Cohen JD 1995. Interference and facilitation effects during selective attention: An (H2O)-O-15 PET study of Stroop task performance. NeuroImage，2: 264-272

Casey BJ，Trainor RJ，Orendi J，et al. 1997. A developmental functional MRI study of prefrontal activation during performance of a Go/No-Go task. Journal of Cognitive Neuroscience, 9: 835-847

Coles MGH, Scheffers MK, Fournier L 1995. Where did you go wrong-errors, partial errors, and the nature of human information-processing. acta psychological, 90: 129-144

Cooke JD, Diggles VA. 1984. Rapid error correction during human arm movements - evidence for central monitoring. Journal of Motor Behavior, 16: 348-363

Corbetta M, Miezin FM, Dobmeyer S, et al. 1991. Selective and divided attention during visual discriminations of shape, color and speed - functional-anatomy by positron emission tomography. Journal of Neuroscience, 11: 2383-2402

D'Esposito M, Detre JA, Alsop DC, et al. 1995. The neural basis of the central executive system of working-memory. Nature, 378: 279-281

Dahaene S, Posner MI, Tucker DM. 1994. Localization of a neural system for error detection and compensation. Psychological Science, 5: 303-305

Damasio AR. 1994. Descartes' error: emotion, rationality and the human brain. New York: Putnam

Deiber MP, Passingham RE, Colebatch JG, et al. 1991. Cortical areas and the selection of movement - a study with positron emission tomography. Experimental Brain Research, 84: 393-402

Delgado MR, Locke HM, Stenger VA, et al. 2003. Dorsal striatum responses to reward and punishment: effects of valence and magnitude manipulations. Cogn Affect Behav Neurosci, 3: 27-38

Delgado MR, Nystron LE, Fissell C, et al. 2000. Tracking the hemodynamic responses to reward and punishment in the striatum. J Neurophysiol, 84: 3072-3077

Derbyshire SW, Vogt BA, Jones AK. 1998. Pain and Stroop interference tasks activate separate processing modules in anterior cingulate cortex. Experimental Brain Research, 118: 52-60

Devinsky O, Morrell MJ, Vogt BA. 1995. Contributions of anterior cingulate cortex to behaviour. Brain, 118: 279-306

Donchin E, Coles MGH. 1988. Is the P300 component a manifestation of context updating. Behavioral and Brain Sciences, 11: 355-372

Drevets WC, Raichle M.E. 1998. Reciprocal suppression of regional cerebral blood flow during emotional versus higher cognitive processes: implications for interactions between emotion and cognition. Cognition Emotion, 12: 353-385

Elliott R, Dolan RJ, Frith CD. 2000. Dissociable functions of the medial and lateral orbitofrontal cortex: evidence from neuroimaging studies. Cereb Cortex, 10: 308-317

Falkenstein M, Hohnsbein J, Hwrman J, et al. 1991. Effects of crossmodal divided attention on late ERP components : II error processing in choice reaction tasks. Electroencephalography and Clinical Neurophysiology, 78: 447-455

Falkenstein M, Hoormann J, Christ S, et al. 2000. ERP components on reaction errors and their functional significance: A tutorial. Biological Psychology, 51: 87-107

Frank MJ, Woroch BS, Curran T. 2005. Error-related negativity predicts reinforcement learning and conflict biases. Neuron, 47: 495-501.

Friston KJ, Frith CD, Liddle PF, et al. 1993. Functional connectivity - the Principal-component analysis of large pet data sets. Journal of Cerebral Blood Flow and Metabolism, 13: 5-14

Frith CD, Friston K, Liddle PF, et al. 1991. Willed action and the prefrontal cortex in man - a study with pet. Proceedings of the Royal Society of London Series B-Biological Sciences, 244: 241-246

Frith CD, Friston KJ, Liddle PF, et al. 1991. A PET study of word finding. Neuropsychologia, 29: 1137-1148

Ganis G, Kosslyn SM, Stose S, et al. 2003. Neural correlates of different types of deception: an fMRI investigation. Cerebral Cortex, 13: 830-836

Gehring WJ, Coles MGH, Meyer DE, et al. 1990. The error-related negativity: an event-related potential accompanying errors. Psychophysiology, 27: S34

Gehring WJ, Coles MGH, Meyer DE, et al. 1995. A brain potential manifestation of error-related processing. Electroencephalography and Clinical Neurophysiology. Supplement, 44: 261-272

Gehring WJ, Fencsik D. 1999. Slamming on the brakes: an electrophysiological study of error response inhibition. Poster presented at the annual meeting of the Cognitive Neuroscience Society, Washington, DC

Gehring WJ, Goss B, Coles MGH, et al. 1993. A neural system for error-detection and compensation. Psychological Science, 4: 385-390

Gehring WJ, Willoughby AR. 2002. The medial frontal cortex and the rapid processing of monetary gains and losses. Science, 295: 2279-2282

Gottfried JA, O'Doherty J, Dolan RJ. 2003. Encoding predictive reward value in human amygdala and orbitofrontal cortex. Science, 301:1104-1107

Gratton G, Coles MGH, Sirevaag EJ, et al. 1988. Prestimulus and pststimulus ativation of rsponse cannels - a pychophysiological aalysis. Journal of Experimental Psychology-Human Perception and Performance, 14: 331-344

Gu R, Lei Z, Broster L, et al. 2011. Beyond valence and magnitude: a flexible evaluative coding system in the brain. Neuropsychologia, 49: 3891-3897.

Guillem F, N'Kaoua B, Rougier A, et al. 1995. Intracranial topography of event-related potentials (N400/P600) elicited during a continuous recognition memory task. Psychophysiology, 32: 382-392

Hajcak G, Holroyd CB, Moser JS, et al. 2005. Brain potentials associated with expected and unexpected good and bad outcomes. Psychophysiology, 42: 161-170.

Hajcak G, Moser JS, Holroyd CB, et al. 2006. The feedback-related negativity reflects the binary evaluation of good versus bad outcomes. Biological psychology, 71: 148-154.

Hajcak G, Moser JS, Holroyd CB, et al. 2007. It's worse than you thought: the feedback negativity and violations of reward prediction in gambling tasks. Psychophysiology, 44: 905-912.

Hamann S, Mao H. 2002. Positive and negative emotional verbal stimuli elicit activity in the left amygdala. Neuroreport, 13: 15-19

Hohnsbein J, Falkenstein M, Hoormann J, et al. 1989. Error processing in visual and auditory choice reaction tasks. Journal of Psychophysiology, 3: 32

Holroyd C. 2004. A note on the oddball N200 and the feedback ERN. Neurophysiology, 78: 447-455.

Holroyd CB, Coles MGH. 2002. The neural basis of human error processing: reinforcement learning, dopamine, and the error-related negativity. Psychol Rev, 109: 679-709

Holroyd CB, Dien J, Coles MG. 1998. Error-related scalp potentials elicited by hand and foot movements: evidence for an output-independent error-processing system in humans. Neurosci Lett, 242: 65-68

Holroyd CB, Larsen JT, Cohen JD. 2004. Context dependence of the event-related brain potential associated with reward and punishment. Psychophysiology, 41: 245-253

Holroyd CB, Nieuwenhuis S, Yeung N, et al. 2003. Errors in reward prediction are reflected in the event-related brain potential. Neuroreport, 14: 2481-2484.

Horst RL, Johnson R, Donchin E. 1980. Event-related brain potentials and subjective probability in a learning task. Memory & Cognition, 8: 476-488

Ikemoto S, Panksepp J. 1999. The role of nucleus accumbens dopamine in motivated behavior: a unifying interpretation with special reference to reward-seeking. Brain Res Rev, 31: 6-41

Itagaki S, Katayama J. 2008. Self-relevant criteria determine the evaluation of outcomes induced by others. Neuroreport, 19: 383-387.

Ito S, Stuphorn V, Brown JW, et al. 2003. Performance monitoring by anterior cingulate cortex: comparison not conflict during countermanding. Science, 302: 120-122

Ito T, Larsen JT, Smith NK, et al. 1998. Negative information weighs more heavily on the brain: the negativity bias in evaluative categorizations. J Pers Soc Psychol, 75: 887-900

Johnson Jr. R, Barnhardt J, Zhu J. 2003. The deceptive response: effects of response conflict and strategic monitoring on the late positive component and episodic memory-related brain activity. Biological Psychology, 64: 217-253

Johnston VS. 1979. Stimuli with biological significance. In Begleiter H (Eds), Evoked brain potentials and behavior (pp 1-12). New York: Plenum

Jueptner M, Frith CD, Brooks DJ, et al. 1997. Anatomy of motor learning. II. Subcortical structures and learning by trial and error. J Neurophysiol, 77: 1325-1337

Kiehl KA, Laurens KR, Liddle PF. 2002. Reading anomalous sentences: an event-related fMRI study of semantic processing. NeuroImage, 17: 842-850

Kiehl KA, Liddle PF, Hopfinger JB. 2000. Error processing and the rostral anterior cingulate: an event-related fMRI study. Psychophysiology, 33: 282-294

Knutson B, Adams CM, Fong GW, et al. 2001. Anticipation of increasing monetary reward selectively recruits nucleus accumbens. J Neurosci, 21: RC159

Knutson B, Fong GW, Bennett SM, et al. 2003. A region of the mesial prefrontal cortex tracks monetarily rewarding outcomes: characterization with rapid event-related fMRI. NeuroImage, 18: 263-272

Knutson B, Westdorp A, Kaiser E, et al. 2000. fMRI visualization of brain activity during a monetary incentive delay task. NeuroImage, 12: 20-27

Koob GF, Bloom FE. 1988. Cellular and molecular mechanisms of drug dependence. Science, 242: 715-723

Koski L, Paus T. 2000. Functional connectivity of the anterior cingulated cortex within the human frontal lobe: a brain-mapping meta-analysis. Exp Brain Res, 133: 55-65

Kutas M, Hillyard SA. 1980. Reading senseless sentences: brain potentials reflect semantic incongruity. Science, 207: 203-205

Kutas M, Hillyard SA. 1983. Event-related brain potentials to grammatical errors and semantic anomalies. Memory and Cognition, 11: 539-550

Langleben DD, Schroeder L, Maldjian JA, et al. 2002. Brain activity during simulated deception: an event-related functional magnetic resonance study. NeuroImage, 15: 727-732

Lazarus RS. 1968. Emotions and adaptation: conceptual and empirical relations. In Arnold WJ (ed.), Nebraska Symposium on Motivation (Vol. 16, pp 175-270). Lincoln, NE: University of Nebraska Press

LeDoux JE. 2000. Emotion circuits in the brain. Annu Rev Neurosci, 23:155-184

Lee TMC, Liu HL, Tan LH, et al. 2002. Lie detection by functional magnetic resonance imaging Hum. Brain Map, 15:

157-164

Leng Y, Zhou X. 2010. Modulation of the brain activity in outcome evaluation by interpersonal relationship: an ERP study. Neuropsychologia, 48: 448-455.

Li P, Jia S, Feng T, et al. 2010. The influence of the diffusion of responsibility effect on outcome evaluations: electrophysiological evidence from an ERP study. Neuroimage, 52: 1727-1733.

Liotti M, Woldorff M G, Perez R III, et al. 2000. An ERP study of the temporal course of the stroop color-word interference effect. Neuropsychologia, 38: 701-711

Liu Y, Gehring WJ. 2009. Loss feedback negativity elicited by single-versus conjoined-feature stimuli. Neuroreport, 20: 632-636.

Luo J, Niki K, Phillips S. 2004. Neural correlates of the 'Aha! Reaction'. Neuroreport, 15: 2013-2017

Luo J, Niki K. 2003. Function of hippocampus in 'insight' of problem solving. Hippocampus, 13: 316-323

Luu P, Tucker DM, Derryberry D, et al. 2003. Electrophysiologic responses to errors and feedback in the process of action regulation. Psychol Sci, 14: 47-53

MacKay DM. 1984. Do 'evaluation potentials' reflect cognitive assessment. Experimental Brain Research, 55: 184-186

Mai X, Tardif T, Doan SN, et al. 2011. Brain Activity Elicited by Positive and Negative Feedback in Preschool-Aged Children. PloS one, 6: e18774.

Marco-Pallarés J, Krämer UM, Strehl S, et al. 2010. When decisions of others matter to me: an electrophysiological analysis. BMC neuroscience, 11: 86.

Mayberg HS, Liotti M, Brannan S K, et al. 1999. Reciprocal limbic-cortical function and negative mood: converging PET findings in depression and normal sadness. Am. J. Psychiatry, 156: 675-682

McClure SM, Berns GS, Montague PR. 2003. Temporal prediction errors in a passive learning task activation human striatum. Neuron, 38:339-346

McClure SM, York M, Montague PR. 2004. The neural substrates of reward processing in humans: the modern role of fMRI. The Neuroscientist, 10: 260-268

McKeown MJ, Jung TP, Makeig S, et al. 1998. Spatially independent activity patterns in functional MRI data during the stroop color-naming task. Proceedings of the National Academy of Sciences USA, 95: 803-810

McPherson WB, Holcomb PJ. 1999. An eclectrophysiological investigation of semantic priming with pictures of real objects. Psychophysiology, 36: 53-65

Michalski A. 1999. The effect of accomplishment and failure on P300 potentials evoked by neutral stimuli. Neuropsychologia, 37: 413-420

Miltner WHR, Braun CH, Coles MGH. 1997. Event-related potentials following incorrect feedback in a time-estimation task: evidence for a "generic" neural system for error detection. Journal of Cognitive Neuroscience, 9: 788-798

Monchi O, Petrides M, Petre V, et al. 2001. Wisconsin card sorting revisited: distinct neural circuits participating in different neural circuits of the task identified by event-related functional magnetic resonance imaging. Journal of Neuroscience, 21: 7733-7741

Montague PR, Berns GS. 2002. Neural economics and the biological substrates of valuation. Neuron, 36: 265-284

Morecraft RJ, van Hoesen GW. 1998. Convergence of limbic input to the cingulate motor cortex in the rhesus monkey. Brain Res Bull, 45: 209-232

Nieuwenhuis S, Aston-Jones G, Cohen JD. 2005. Decision making, the P3, and the locus coeruleus—norepinephrine system. Psychological bulletin, 131: 510-532.

Nieuwenhuis S, Holroyd CB, Mol N, et al. 2004. Reinforcement-related brain potentials from medial frontal cortex: origins and functional significance. Neuroscience & Biobehavioral Reviews, 28: 441-448.

Nieuwenhuis S, Slagter HA, Geusau V, et al. 2005. Knowing good from bad: differential activation of human cortical areas by positive and negative outcomes. European Journal of Neuroscience, 21: 3161-3168.

Nieuwenhuis S, Yeung N, Holroyd CB, et al. 2004. Sensitivity of electrophysiological activity from medial frontal cortex to utilitarian and performance feedback. Cereb Cortex, 14: 741-747

Niki H, Watanabe M. 1979. Prefrontal and cingulate unit-activity during timing behavior in the monkey. Brain Research, 171: 213-224

O'Doherty J, Critchley H, Deichmann R, et al. 2003a. Dissociating valence of outcome from behavioral control in human orbital and ventral prefrontal cortices. J Neurosci, 23: 7931-7939

O'Doherty J, Dayan P, Friston KJ, et al. 2003b. Temporal difference models and reward-related learning in the human brain. Neuron, 38: 329-337

O'Doherty JP, Deichmann R, Critchley HD, et al. 2002. Neural responses during anticipation of a primary taste reward. Neuron, 33: 815-826

Oliveira FT, McDonald JJ, Goodman D. 2007. Performance monitoring in the anterior cingulate is not all error related: expectancy deviation and the representation of action-outcome associations. Journal of cognitive neuroscience, 19: 1994-2004.

Pardo JV, Pardo PJ, Janer KW, et al. 1990. The anterior cingulate cortex mediates processing selection in the stroop attentional conflict paradigm. Proceedings of the National Academy of Sciences of the United States of America, 87: 256-259

Paus T, Koski L, Caramanos Z, et al. 1998. Regional differences in the effects of task difficulty and motor output on blood flow response in the human anterior cingulate cortex: a review of 107 PET activation studies. Neuroreport, 9: R37-47

Paus T, Petrides M, Evans AC, et al. 1993. Role of the human anterior cingulate cortex in the control of oculomotor, manual and speech responses - a positron emission tomography study. Journal of Neurophysiology 70: 453-469

Petersen SE, Fox PT, Posenr MI, et al. 1988. Positron emission tomographic studies of the cortical anatomy of single-word processing. Nature 331: 585-589

Playford ED, Jenkins IH, Passing ham RE, et al. 1992. Impaired mesial frontal and putamen activation in parkinsons-disease - a positron emission tomography study. Annals of Neurology, 32: 151-161

Polich J, Kok A. 1995. Cognitive and biological determinants of P300: an integrative review. Biological Psychology, 41: 103-146

Posner MI, Dehaene S. 1994. Attentional Networks. Trends in Neurosciences 17: 75-79

Posner MI, Rothbart MK. 1998. Attention, self-regulation and consciousness. philosophical transactions of the royal society of london. Series B: Biological Sciences, 353: 1915-1927

Rabbitt P, Rodgers B. 1977. What does a man do after he makes an error - analysis of response programming. Quarterly Journal of Experimental Psychology, 29: 727-743

Rabbitt P, Vyas S. 1981. Processing a display even after you make a response to It - how perceptual errors can be corrected. Quarterly Journal of Experimental Psychology Section a-Human Experimental Psychology, 33: 223-239

Raichle ME, Fiez JA, Videen TO, et al. 1994. Practice-related changes in human brain functional-anatomy during nonmotor learning. Cerebral Cortex, 4: 8-26

Rolls ET, Hornak J, Wade D, et al. 1994. Emotion-related learning in patients with social and emotional changes associated with frontal lobe damage. J Neurol Neurosurg Psychiatry, 57: 1518-1524

Rolls ET. 2000. The orbitofrontal cortex and reward. Cereb Cortex, 10: 284-294

Rosenfeld JP. 1995. Alternative views of Bashore and Rapp's alternatives to traditional polygraphy: a critique. Psychological Bulletin, 117: 159-166

Rosenfeld JP. 2000. Event-related potentials in detection of deception. In Kleiner M (ed), Handbook of Polygraphy, New York: Academic Press

Ruchsow M, Grothe J, Spitzer M, et al. 2002. Human anterior cingulate cortex is activated by negative feedback: evidence from event-related potentials in a guessing task. Neuroscience Letters, 325: 203-206

Salmon N, Pratt H. 2002. A comparison of sentence- and discourse-level semantic processing: an ERP study. Brain and Language, 83: 367-383

Scheffers MK, Coles MGH, Bernstein P, et al. 1996. Event-related brain potentials and error-related processing: an analysis of incorrect responses to go and no-go stimuli. Psychophysiology, 33: 42-53

Schultz W, Dayan P, Montague PR. 1997. A neural substrate of prediction and reward. Science, 275: 1593-1599

Segalowitz SJ, Santesso DL, Murphy TI, et al. 2010. Retest reliability of medial frontal negativities during performance monitoring. Psychophysiology, 47: 260-270.

Shima K, Tanji J. 1998. Role for cingulate motor area cells in voluntary movement selection based on reward. Science, 282: 1335-1338

Shulman, G.L. Fiez JA, Corbetta M, et al. 1997 Common blood flow changes across visual tasks: II. decreases in cerebral cortex. J. Cogn. Neurosci, 9: 648-663

Simos PG, Basile LF, Papanicolaou AC. 1997 Source localization of the N400 response in a sentence-reading paradigm using evoked magnetic fields and magnetic resonance imaging. Brain Research, 762: 29-39

Small DM, Gregory MD, Mak YE, et al. 2003. Dissociation of neural representation of intensity and affective valuation in human gustation. Neuron, 39: 701-711

Spence SA, Farrow TF, Herford AE, et al. 2001. Behavioural and functional anatomical correlates of deception in humans. Neuroreport, 12: 2849-2853

Spence SA, Hunter MD, Farrow TFD, et al. 2004. A cognitive neurobiological account of deception: evidence from functional neuroimaging. Phil. Trans. R. Soc. Lond. B., 359: 1755-1762

Squires KC, Hillyard SA, Lindsay PH. 1973. Cortical potentials evoked by confirming and disconfirming feedback following an auditory discrimination. Perception & Psychophysics, 13: 25-31

Sutton S, Braren M, Zubin J, et al. 1965. Evoked-potential correlates of stimulus uncertainty. Science, 150: 1187-1188.

Sutton S, Tueting P, Hammer M, et al. 1978. Evoked potentials and feedback. In.Otto D (ed.), Multidisciplinary perspectives in event-related potential research (pp 184-188). Washington, DC: United States Government Printing Office

Taylor SF, Kornblum S, Minoshima S, et al. 1994. Changes in medial cortical blood-flow with a stimulus-response compatibility task. Neuropsychologia, 32: 249-255

Thompson-Schill SL, D'Esposito M, Aguirre GK, et al. 1997. Role of left inferior prefrontal cortex in retrieval of semantic knowledge: a reevaluation. Proceedings of the National Academy of Sciences of the United States of America, 94: 14792-14797

Toyomaki A, Murohashi H. 2005. Discrepancy between feedback negativity and subjective evaluation in gambling. Neuroreport, 16: 1865-1868.

Tremblay L, Schultz W. 1999. Relative reward preference in primate orbitofrontal cortex. Nature, 398: 704-708

van Veen V, .Carter CS. 2002a. The anterior cingulate as a conflict monitor: fMRI and ERP studies. Physiology and Behavior, 77: 4774-4782

van Veen V, Carter CS. 2002b. The timing of action-monitoring processes in the anterior cingulate cortex. Journal of Cognitive Neuroscience, 14: 593-602

Vogt BA, Finch DM, Olson CR., 1992. Functional heterogeneity in cingulate cortex: the anterior executive and posterior evaluative regions. Cerebral Cortex, 2: 435-443

Weiskrantz L. 1956. Behavioral changes associated with ablation of the amygdaloid complex in monkeys. J Comp Physiol Psychol, 49: 381-491

Whalen PJ, Bush G, McNallg RJ, et al. 1998. The emotional counting stroop paradigm: a functional magnetic resonance imaging probe of the anterior cingulate affective division. Biol. Psychiatry, 44: 1219-1228

Wu Y, Zhang D, Elieson B, et al. 2012. Brain potentials in outcome evaluation: When social comparison takes effect. International Journal of Psychophysiology, 85: 145-152.

Wu Y, Zhou X. 2009. The P300 and reward valence, magnitude, and expectancy in outcome evaluation. Brain research, 1286: 114-122.

Wu Y, Zhou Y, van Dijk E, et al. 2011. Social comparison affects brain responses to fairness in asset division: an ERP study with the ultimatum game. Frontiers in human neuroscience, 5: 131.

Yetkin FZ, Hammeke TA, Swanson SJ, et al. 1995. A comparison of functional MR activation patterns during silent and audible language Tasks. American Journal of Neuroradiology, 16: 1087-1092

Yeung N, Sanfey AG. 2004. Independent coding of reward magnitude and valence in the human brain. The Journal of Neuroscience, 24: 6248-6264

Yu R, Zhou X. 2006. Brain potentials associated with outcome expectation and outcome evaluation. Neuroreport, 17: 1649-1653.

Zhang Y, Li X, Qian X, et al. 2012. Brain responses in evaluating feedback stimuli with a social dimension. Frontiers in human neuroscience, 6: 19.

英文缩写词表

ACC	anterior cingulate cortex	前扣带回
BOLD	blood oxygen level dependence	血氧水平依赖
EEG	electroencephalogram	脑电图
EMG	electromyogram	肌电图
ERN	error-related negativity	错误相关性负波
ERP (ERPs)	event-related (brain) potential(s)	事件相关电位
fMRI	functional magnetic resonance imaging	功能磁共振成像
FRN	feedback-related negativity	反馈相关负波
HEOG	horizontal electro-oculography	水平眼电
LPC	late positive component	晚期正成分
MEG	megnetoencephalogram	脑磁图
MFRN	medial frontal negativity	内侧额叶负波
MPFC	mesial prefrontal cortex	内侧前额叶皮层
MTL	medial temporal lobe	内侧颞叶
Ne	error negativity	错误负波
OFC	orbitofrontal cortex	眶额皮层
PET	positron emission tomography	正电子发射断层扫描
PFC	prefrontal cortex	前额叶皮层
SMA	supplementary motor area	辅助运动区
VEOG	vertical electro-oculography	垂直眼电

附　　录

学龄前儿童结果反馈评价的脑机制

[摘要]　为考察4~5岁儿童关于正、负性结果反馈加工的脑机制，我们设计了一个"猜奖品游戏"，该游戏类似于成人研究中用来考察与结果评价相关的大脑活动的赌博任务。与成人的研究结果不同，在学龄前儿童的研究中，我们发现正性结果和负性结果所引发的反馈相关负波（feedback-related negativity，FRN）波幅没有显著差异，这表明了在儿童早期，产生FRN的神经系统可能还不成熟，因此不能对结果效价进行加工。另外，与负性结果相比，正性结果反馈在枕部头皮区域会引发更大波幅的 P1 波，同时在右侧中央顶部引发更大波幅的正性慢波（positive slow wave，PSW）。我们认为，在学前期和学年早期出现的 PSW 与情绪唤起以及关注于正性结果相关，该成分对儿童这一时期的认知与情绪发展具有重要的适应意义。

[关键词]　学龄前儿童；结果评价；事件相关电位；反馈相关负波；正性慢波

1　前言

儿童调整自己认知表现和情绪表达的能力在学前期和学年早期经历了显著的提升和发展。这种变化部分需要儿童从外部反馈中习得，然而，家长和教育工作者们往往面临这样一个挑战——通过对儿童所犯错误的纠正来引导他们的学习常常是非常困难的。学龄前儿童不仅倾向于对其所犯的错误表现固执，他们会带着各种各样的负面情绪来反抗纠错，并且在认识错误、避免错误和改正错误方面有困难（van Duijvenvoorde et al., 2008）。此外，许多教育方法证明，着重强调儿童对于所期望行为的积极或正确榜样的意识，通常会使儿童在学习的动机、情绪以及行为表现方面都会得到提升（Crone et al., 2004；Crone et al., 2008）。

发展关于儿童接受正负性反馈的不同能力的理论依据时，一个重要步骤是确定使该行为现象发生的神经机制。在此，我们报告一项学龄前儿童结果反馈评价的事件相关脑电位（event-related brain potential，ERP）研究。本研究中，我们设计了一个适合儿童的考察结果评价的任务，该任务类似于成人中用于研究结果评价的赌博任务，我们的目标是确定在成人研究中观察到的结果反馈相关 ERP 效应是否在儿童研究中也将同样得到证实，以及这些 ERP 效应是否对正性结果反馈（相对于负性结果反馈而言）表现出更大的敏感性。

许多研究已经利用 ERP 技术考察了成人在完成赌博任务时结果评价的脑机制（Gehring & Willoughby, 2002；Yeung & Sanfey, 2004）。例如，在 Gehring 和 Willoughby（2002）的研究中，被试被要求在两个方块中选择其中任一方块，每一方块会包含一个数字 5 或者 25，这代表 5 美分或者 25 美分，之后被试会被告知，他们选择的方块上的数字将意味着其赢得或者是失去与选择数字相等价的钱数。研究结果发现结果反馈诱发了一个内侧额叶负波（medial frontal negativity, MFN），现在我们通常称其为反馈相关负波（feedback-related negativity, FRN），其波峰在结果反馈出现后 270ms。负性结果（失钱）比正性结果（得钱）引发更大波幅的 FRN。进一步的分析显示，FRN 的发生源可能位于前扣带回（anterior cingulated cortex, ACC），该成分反映了一个负性强化学习的信号经由中脑多巴胺系统传递到 ACC，ACC 通过多巴胺系统所释放的信号来对行为进行调节（Holroyd & Coles, 2002）。

　　虽然对成人结果评价的脑机制已经有了很多研究，但是对于儿童结果评价的脑机制及其发展变化研究甚少，并且仅有的几个研究结果也不一致。Eppinger，Mock 和 Kray（2009）的报告指出，在一项概率学习任务中，10～12 岁的少年儿童相对于成人而言，负性结果反馈会引发更大波幅的 FRN；但是对于正性结果反馈，却没有表现出年龄差异。研究者将该结果解释为少年儿童在学习过程中对负性结果反馈更为敏感。然而，Groen 等（2007）在对同年龄儿童的研究中却并没有发现上述 FRN，他们认为研究中 FRN 的缺失可能与实验中所用的反馈刺激相关，这些刺激（绿方块和红方块）对儿童而言并没有激发其显著的动机。不过，儿童 FRN 的缺失也可能是由 ACC 的晚发育造成的，这一点在非人类灵长类动物研究（Lambe et al., 2000；Rosenberg & Lewis, 1995）、功能磁共振成像（functional magnetic resonance imaging, fMRI）研究（Kelly et al., 2009）和一些关于错误相关负波（该成分的发生源也位于 ACC）的发展性 ERP 研究中已得到了证实（Davies et al., 2004；Hogan et al., 2005；Wiersema et al., 2007）。

　　除了 FRN 之外，在儿童结果反馈的 ERP 研究中出现了一个长潜伏期正成分，该成分被认为可能反映情绪加工过程。van Meel 等（2005）运用猜测游戏诱发了针对正负性结果反馈的 ERPs，并且在结果反馈出现的 400～500ms 发现了一个具有长潜伏期的 ERP 成分，该成分在 8～12 岁的少年儿童中表现出对损失比对获得更具敏感性。他们提出，该晚期正成分可能与情绪加工过程相关。同样地，Groen 等（2008）的研究中也发现了结果反馈出现后 450～1000ms 的晚期正成分，在中央顶部波幅最大，在 10～12 岁的儿童中，负性结果反馈比正性结果反馈引发更大波幅的晚期正波。

　　在本研究中，我们设计了一个"猜奖品游戏"，该任务与成人研究中的赌博任务类似，但更适合儿童，因为学龄前儿童对于赌博任务中所涉及的金钱以及相关数量并没有明确的概念。我们所设计的任务可以很好地激发儿童被试对结果反馈刺激的兴趣（Cole, 1986；Saarni, 1984）。在该任务中，我们首先要求儿童被试对一些奖品根据其喜好程度从最喜欢到最不喜欢排序（例如：从漂亮的铃鼓到毫无特色的瓶盖）。Cole（1986）的研究结果显示所有的儿童都承认在得到排名第一的奖品时感受到了积极情绪，并且大部分的儿童（80%）承认他们在得到排名最后的奖品时感觉糟糕。因此，我们预期在本研究中所采用的这一任务能够引发儿童对于不同类型奖品的不同情绪，尽管实际上它们（排名第一与最末）都是奖品。此外，采用适合儿童的猜奖品游戏，我们预期观察到在学龄前儿童中出现的与情绪加工过程相关的长潜伏期 ERP 成分。根据 Eppinger 等（2009）的研究，既然本项研究中我们使用了更能激发被试积极性的刺激，那么我们有可能会观察到 FRN 反应（如果结果反馈刺激在学龄前儿童确实能引发 FRN）。然而，在如此年幼的儿童身上，我们也有可能观测不到由负性刺激所诱发的更大波幅的 FRN，因为这种缺失可能与 ACC 成熟比较晚相关。

2 方法

2.1 被试

18 名 4～5 岁（平均年龄为 53.95±4.21 个月；9 男 9 女）的健康儿童参与该研究。两名儿童未完成实验（一名因为设备出现问题；另一名因为不能一直坐着坚持完实验）；另外，由于技术错误或出现过多的数据伪迹，有三名儿童的脑电数据不能用。因此，最终的数据分析包括 16 名儿童的行为数据和 13 名儿童的 ERP 数据。ERP 数据有效的 13 名儿童和 ERP 数据无效的 5 名儿童未发现显著的年龄差异[$t(16)$ =1.24，p=0.23]。对于儿童被试参与该研究，我们得到了其家长的书面同意以及儿童被试的口头同意，并在实验结束之后付给其一定的报酬。

2.2 任务及程序

首先向每个儿童展示 10 个潜在的奖品（附图 1），其中包括"好的"奖品和"坏的"奖品，之后要求儿童被试按照其最喜欢、第二喜欢（以此类推）的顺序将这些奖品进行排序。随后，主试选择排名前三的奖品作为好奖品，取其排名后三位的奖品作为坏奖品，儿童被试就以这些奖品作为反馈刺激在电脑上进行猜奖品游戏。

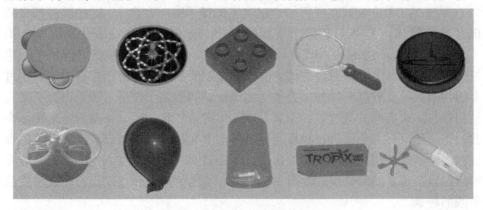

附图 1 正式实验中的十个奖品

猜奖品游戏（附图 2）首先在电脑屏幕上向每个儿童被试展示两个盒子，并告诉他们这两个盒子的其中一个装有好奖品，另一个则装有坏奖品，盒子的颜色有红色、绿色、蓝色和黄色。然后要求儿童猜测哪个盒子里装的是好奖品，盒子的颜色与其中装有的奖品好坏没有任何联系。如果儿童选择的是左（右）侧的盒子，主试会按键盘上的左（右）键，随后左（右）侧的盒子单独呈现在屏幕的中央，主试再次按键后经过 1000 ms 的间隔，所选盒子里的奖品就会呈现在屏幕中央，并在电脑屏幕上保留 2000 ms。儿童被告知如果他/她猜对了，会得到一颗红色的星星；反之，若猜错了，会得到一颗黑色的星星。这就意味着，如果他/她选择了装有好奖品的盒子，便会得到一颗红色的星星；反之，若他/她选择了含有坏奖品的盒子，则会得到一颗黑色的星星。在实验结束时，如果儿童得到的红色星星的数目多于黑色星星，他/她将会得到 3 个好奖品；否则，他/她将会得到 3 个坏奖品。儿童一直到实验的最后才能看见实际累计的星星数目，最后所有儿童得到的红色星星数目都大于黑色星星，因此他们最终都将得到 3 个"好的奖品"。

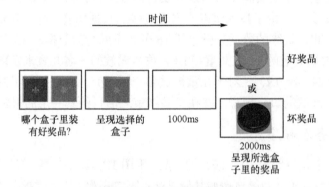

附图 2　猜奖品游戏流程图

　　整个游戏包括 90 个试次。儿童被试不知道的是他们会猜到 45 次好奖品和 45 次坏奖品，无论被试在任何一个试次里选择了哪一个盒子，这些奖品都将随机呈现给被试。另外，在整个实验过程中主试都会注意每个儿童的脑电图（electroencephalography，EEG）和行为表现，只有当儿童被试安静地坐在座位上并且注视屏幕中央时，主试才会按键呈现奖品刺激，这样可以避免产生过多的伪迹而导致数据不能用。为了让儿童被试熟悉整个任务过程，也为了激发他们参与正式实验的兴趣，在正式的 ERP 实验之前，被试将参加一个练习实验，练习环节有 7 个试次，并且会有另外 5 个奖品呈现给被试。练习环节的设计是 7 个试次随机呈现给被试，每个人都会猜对 4 次和猜错 3 次，并且在练习阶段的最后都拿到好奖品。附图 3 呈现了一名儿童被试和主试正在完成猜奖品游戏的场景。

附图 3　猜奖品游戏实验场景：带着电极帽的儿童被试（左）和主试（右）正在完成猜奖品游戏

2.3　ERP 记录与分析

实验仪器为 128 导 EGI 脑电系统（Electrical Geodesics Inc., Eugene, OR），电极排列见附图 4。以 Cz 点为参考电极点。头皮与电极之间的阻抗小于 50 kΩ。信号经放大器放大，记录连续 EEG，滤波带通为 0.01～70 Hz，采样频率为 250 Hz/导，离线式（off-line）叠加处理。

首先对 EEG 数据进行 20Hz 的低通滤波，随后将连续的 EEG 分成结果反馈刺激出现前 200 ms 至刺激出现后的 1000 ms 的小段。含有眨眼或眼动伪迹的试次，以及那些有 10 个以上超过 200μV（绝对）或 100μV（两个数据点之间的电压差）的坏电极通道的试次被剔除。对于每个被试，分别计算出好奖品和坏奖品情境下的无伪迹的试次数（好奖品情境下的试次：平均数=33.7，标准差=5.0；坏奖品情境下的试次：平均数=33.2，标准差=5.2）。对数据重新进行了平均参考。奖品刺激出现前的 200 ms 作为基线。

基于以往的研究（Eppinger et al., 2009；Gehring & Willoughby, 2002；Groen et al., 2008）和对总平均波的观察，我们测量了 3 个 ERP 成分：额中央部（电极 6、7、107、129）的 FRN，枕部（电极 66、71、72、77、84、85）的 P1，以及中央顶部（31、37、38、42、43、48、88、94、99、104、105、106）的正性慢波 PSW（附图 4）。用于分析 P1 和 PSW 的电极分成左右两个区域。在 120～200 ms 的时间窗口测量 P1 的波幅（基线到波峰）和潜伏期。在 350～450 ms 和 650～900 ms 的时间窗口分别测量 FRN 和 PSW 的平均波幅。利用 SPSS 18.0 版本（SPSS Inc., Chicago, IL, USA）的一般线性模型程序对以上变量进行重复测量方差分析（analysis of variance, ANOVA）。FRN 的分析包括一个被试内因素——奖品的性质（好与坏）；P1 和 PSW 的分析包括奖品的性质（好与坏）以及左右半球（左和右）两个被试内因素。不满足球形检验的统计效应采用 Greenhouse-Geisser 法矫正 p 值。13 个儿童被试组成了一个相对较小的样本，因此我们计算了 Cohen 效应值以确保结果可靠，0.20、0.50 和 0.80 分别表示小、中、大的效应值（Cohen，1992）。

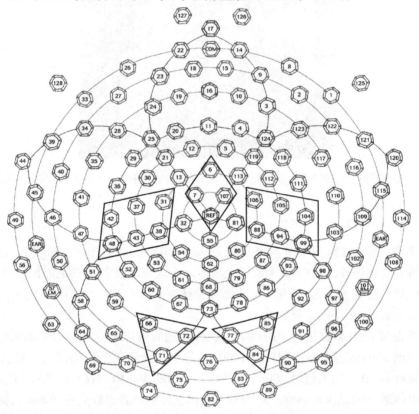

附图 4　EGI 电极帽 128 个电极的排列（上面为额部，下面为枕部）。我们测量了电极 6、7、107、129 位置（用菱形标示）的 FRN，电极 31、37、38、42、43、48、88、94、99、104、105、106 位置（用平行四边形标示）的 PSW，和电极 66、71、72、77、84、85 位置（用三角形标示）的 P1

此外，我们在枕部（电极 66、71、72、77、84、85）观察到了 N1 成分。为了消除之前的 P1 的影响，我们测量了 N1 波幅的峰值，即计算在奖品刺激出现后的 120～200 ms 时间窗口内的最正值和 200～300 ms 时间窗口内的最负值之间的差值。重复测量方差分析表明，N1 波幅在好奖品与坏奖品之间并没有显著差异，因此我们对 N1 成分不做更多的讨论。

3　结果

3.1　行为结果

为考察儿童被试在猜奖品游戏中是否采取了反应策略来应对结果反馈，我们依据儿童是否选择与之前试次同侧的盒子，以及之前试次中的奖品是好是坏来对每个试次进行分类。那些儿童选择了与上一试次相反一侧盒子的试次被标记为"转换"试次；而那些选择了与上一试次相同一侧盒子的试次被标记为"不转换"试次。以奖品性质（好与坏）和转换（转换与否）为因素做 2×2 的重复测量方差分析，结果显示奖品性质和转换之间的交互作用，$F(1, 15) = 8.31$，$p = 0.01$。进一步的成对比较显示（附图 5），相对于好奖品（50% 转换与不转换），当儿童被告知其选择的是一个坏奖品时，他们会更加频繁地转换自己的反应（58% 转换和 42% 不转换，差异的 95% 置信区间：1%～33%，$p = 0.04$，Cohen 效应值 = 0.55），该结果与成人在赌博游戏中的反应相似，成人在出现"输钱结果反馈"后，他们也会更加频繁地转换自己的反应（Y. N. Liu & Gehring，2009）。这也进一步表明我们设计的"猜奖品游戏"能很好地模拟成人赌博任务。

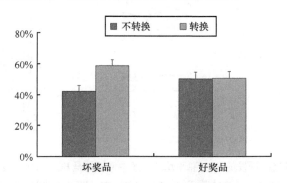

附图 5　当前一个试次的结果反馈刺激是好奖品或坏奖品时儿童被试的行为反应

3.2　ERP 结果

附图 6 显示的是好奖品和坏奖品刺激诱发的 ERP 总平均波。以奖品性质（好和坏）和左右半球（左和右）为因素做 2×2 重复测量方差分析，结果显示 P1 波幅和潜伏期的奖品性质主效应显著，相对于坏奖品，好奖品诱发的 P1 波幅更大并且潜伏期更长（波幅：19.95 μV 和 15.76 μV，差异的 95% 置信区间：1.31～7.08 μV，$F(1, 12) = 10.06$，$p < 0.01$，Cohen 效应值 = 0.88；潜伏期：150 ms 和 140 ms，差异的 95% 置信区间：2.85～16.95 ms，$F(1, 12) = 9.35$，$p = 0.01$，Cohen 效应值 = 0.85）。P1 波幅和潜伏期的左右半球主效应以及奖品性质与左右半球的交互效应均不显著。

对总平均波的观察发现好奖品和坏奖品都会引发 FRN，其峰潜伏期大约出现在奖品刺激呈现后的 370 ms。对 FRN 的平均波幅以奖品性质（好和坏）为因素做重复测量方差分析，结果显示好奖品与坏奖品之间不存在显著差异。

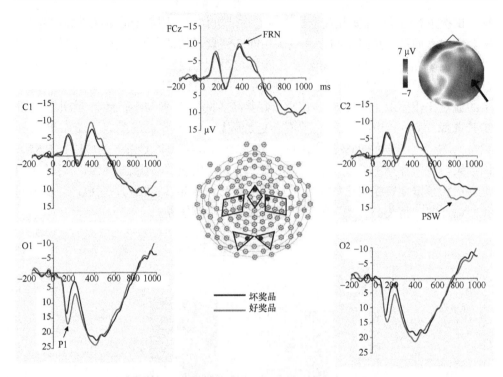

附图 6　好奖品和坏奖品诱发的 ERP 总平均波。图中呈现的是 FCz、C1、C2、O1、O2 电极位置（分别对应于 EGI 电极帽上的电极号码 6、31、106、72、77）的波形，图中央的 128 个电极中标黑的六个圆点就是这几个电极所在位置。右上呈现的是好奖品减去坏奖品差异波 800 ms 时的地形图，箭头指示的是好奖品和坏奖品诱发的 ERP 在右半球的差异

　　对于 PSW 波幅，以奖品性质（好和坏）和左右半球（左和右）为因素做 2×2 的重复测量方差分析，结果显示在奖品性质和左右半球之间存在显著的交互作用 [$F(1, 12) = 7.26$, $p = 0.02$]。进一步分析显示，在右侧中央顶部区好奖品比坏奖品诱发的 PSW 波幅更大（分别为 11.50 μV 和 7.03 μV，差异的 95% 置信区间：0.81～8.12 μV，$p = 0.02$，Cohen 效应值 = 0.74），但在左侧中央顶部区却未观察到这种差异（$p = 0.44$）。地形图也显示出由好奖品和坏奖品引发的头皮脑电活动的右侧大脑半球差异（附图 6）。这些结果表明刺激的不同效价可能会引发 PSW 的大脑偏侧化效应。

4　讨论

　　本研究考察了 4～5 岁儿童对于正负性结果反馈的脑电反应，我们发现了 P1 成分和一个长潜伏期成分 PSW 在好奖品和坏奖品（即正性结果反馈和负性结果反馈）之间存在着差异。然而，尽管我们仔细谨慎地尝试使奖品的相对效价对儿童被试来说是特色鲜明和有意义的，但我们仍然没有观察到好奖品与坏奖品

之间存在 FRN 差异。

我们发现 FRN 的峰潜伏期出现在奖品呈现之后的 370 ms，这个潜伏期要长于一般的成人（～270 ms）和年长儿童（～300 ms，8～12 岁），但是它与年幼儿童的 ERP 研究中潜伏期的变化普遍一致（DeBoer et al.，2005）。之前成人 ERP 研究和两个关于年长儿童的 ERP 研究（Eppinger et al.，2009；van Meel et al.，2005）发现，由正负性结果反馈引发的 FRN 中观测到了明显的差异，但是在我们的研究中却未发现该差异。尽管这可能是由于结果效价对于这些儿童被试而言缺乏强烈的差异所导致，当然这也有可能受到成熟因素的影响。在 FRN 研究领域的一个主流理论是，当一个负性强化学习信号经中脑多巴胺系统传递到 ACC 时，会引发 FRN（Holroyd & Coles，2002）。非人类灵长类动物的研究发现直到成年早期，大脑前额叶皮层的多巴胺神经分布都在增加，这表明产生 FRN 的神经系统一直到成年早期才能完全成熟（Lambe et al.，2000；Rosenberg & Lewis，1995）。最近，Kelly 等（2009）在从童年晚期到成年早期的一项关于 ACC 成熟的神经成像研究中运用了功能连接磁共振技术，他们发现相对于成人而言，儿童在局部功能连接中表现出更加分散的模式以及更少的远程连接，这说明 ACC 的区域功能连接有一个成熟的过程。这样看来，我们在学龄前儿童的研究中未发现由结果效价不同而引发的 FRN 差异也就不足为奇了。尽管 FRN 的发生源 ACC 在如此小的年龄中可能并未发育成熟，但是儿童在猜奖品游戏中也能够和成人在赌博游戏中一样使用反应策略（Y. N. Liu & Gehring，2009）。

对于由好奖品和坏奖品引发的 FRN 差异的缺失还可能有另外一个解释，即该缺失可能与奖品对儿童的显著性或价值性有关。在有些成人的研究中发现，奖赏价值的大小会影响 FRN（Goyer et al.，2008；Wu & Zhou，2009）。在本研究中，儿童被告知猜对或猜错奖品会分别使红色星星或黑色星星的数目得到增加，这意味着正性结果反馈和负性结果反馈都有着同样的奖赏幅度。然而，在屏幕上呈现的结果反馈刺激是真实奖品的图片，因此对于学龄前儿童而言，可能只是由于好奖品更加吸引他们的注意，所以正性结果反馈比负性结果反馈对他们具有更大的吸引力或更高的价值性。对波形的观察可以看出好奖品和坏奖品诱发的 FRN 实际上都具有较大的波幅，说明在学龄前儿童中，引发该成分的脑区对正性结果反馈和对负性结果反馈反应相同。鉴于其他成人研究发现 FRN 只对结果效价敏感，而对结果大小不敏感（Hajcak et al.，2006；Holroyd et al.，2006；Sato et al.，2005；Yeung & Sanfey，2004），因此将来的研究应该进一步从发展的角度探究大脑对结果效价和结果大小加工的不同。

尽管大部分研究都集中在将 FRN 作为奖赏加工过程的反映，但一个更新的观点表明内侧额叶皮层会预测行动和信号所产生的结果，当预期结果与实际结果不符时会激活。根据预测反应结果（predicted response outcome，PRO）模型（Alexander & Brown，2010），FRN 反映的并不是结果效价或结果大小，而是意想不到的结果的发生。如果该理论正确，我们的发现将说明学龄前儿童并不能对正性结果进行预测。换言之，学龄前儿童（不像年长儿童和成人）并不能在其反应的基础上产成强的预期，因此对他们而言正性结果和负性结果都是难以预料的。

以前的研究也发现动机可以影响 FRN（Hewig et al.，2007；Luo et al.，2011）。这些研究一般用抽象符号（比如绿色和红色）、词（比如正确和不正确）、或数值表示正负性结果（得钱和失钱）（Eppinger et al.，2009；Gehring & Willoughby，2002；Yeung & Sanfey，2004）。相比于以前研究中的结果刺激，本研究中奖品自身的照片起到了更加直接的结果反馈刺激的作用，这一点可能激发了儿童被试参与任务的积极性。因此，在本研究中，我们不能排除正性和负性结果反馈诱发的 FRN 差异的缺失可能是由于我们所使用的实验范式和刺激所致。

最后，还有一个必须要考虑到的解释就是我们所观察到的好奖品和坏奖品引发的负波可能并不是 FRN，而是另一个在中央额部分布的负成分——N300。以前一些采用图形作为刺激的研究报告了 N300，并认为该成分反映的是对视觉对象的早期分类加工过程（Barrett & Rugg，1990；Hamm，Johnson，& Kirk，2002；C. Liu et al.，2010；McPherson & Holcomb，1999）。所以，在本研究中，两种类型的奖品可能并没有在学龄前儿童诱发出 FRN，而只是在加工的早期阶段引发简单的分类反应，以及随后的 PSW 所反映的评估成分。然而，在目前的研究中我们只有一个年龄组的儿童，因此，以后的研究可以利用多个年龄组的被试或者其他类型的任务来对 FRN 的本质进行进一步的探究，这样可能会得到重要且有趣的研究发现。

与 FRN 不同，我们发现在右侧中央顶部头皮区，好奖品比坏奖品引发的 PSW 波幅更大。Groen 等（2008）在对 10～12 岁儿童的研究中发现了一个类似的晚期正波，该波对负性结果反馈比对正性结果反馈产生更大的波幅。许多成人的情绪图片研究中发现，在 500～900 ms 时间段内的 PSW 对具有情绪效价的图片（愉快/不愉快）比中性图片产生更大波幅，这表明该成分与情绪唤起相关（Olofsson，Nordin，Sequeira，& Polich，2008）。近来，Hajcak 和 Dennis（2009）在他们对 5～8 岁儿童的研究中也在顶枕区发现了正成分，该正成分对情绪性图片（愉快/不愉快）比对中性图片更敏感。Cuthbert 等（2000）进一步发现具有更加强烈情绪色彩的图片能够使 PSW 波幅显著增大。在我们的研究中，好奖品比坏奖品能引发更大波幅的 PSW，这表明相对于得到坏奖品时儿童所经历的消极情绪，当他们得到的结果反馈是好奖品时他们会体验到更强烈的情绪，因为无论怎样（好/坏的奖品）他们最终都是得到某物而不是失去某物，即使他们本来并不期望得到坏奖品（Cole，1986）。

此外，在我们的研究中 PSW 显示出左右半球的不对称性，这与一些成人情绪图片研究的结果是一致的（Keil et al.，2002）。这些结果为右半球假说提供进一步的支持，该假说提出右半球专门负责情绪的知觉、表达和体验（Demaree et al.，

2005）。然而，进一步的研究需要利用高空间分辨率的脑成像技术，如功能性近红外光学成像（functional near-infrared spectroscopy，fNIRS）和 fMRI 等，从发展的角度为右半球假说提供证据。

最后，我们发现在枕部区域，好奖品比坏奖品引发更大波幅和更长潜伏期的 P1 成分。P1 对刺激的物理属性敏感，与早期的视觉加工过程和注意操作有关（Hillyard & Anllo-Vento，1998）。如果在本研究中我们所用的好奖品比坏奖品更加引人注目或特征显著，那么我们可能无意间造成了上述问题。因为实际上，儿童被试选择的好奖品（例如：铃鼓）通常比坏奖品（例如：黑色瓶盖）颜色更鲜艳，视觉上也更复杂。

然而，本研究中所观察到的 P1 更有可能与被试得到好奖品或坏奖品而引发的情绪反应有关。在情绪图片的研究中发现，P1 与情绪效价有关（Olofsson et al.，2008）。因此也可以认为在本研究中发现的 P1 波可能反映了由刺激效价引起的早期情绪性加工，因为儿童被试看到好奖品和坏奖品的结果反馈时会分别产生积极情绪和消极情绪。这种解释与一些研究相一致，这些研究发现相对于令人不愉快的图片和中性图片，令人愉快的图片能够引发更大波幅的 P1（Alorda et al.，2007；Van Strien et al.，2009）。但是，有其他的研究却发现，令人不愉快的图片比令人愉快的图片和中性图片能引发更大波幅的 P1（Olofsson et al.，2008）。这些研究结果表明 P1 波的效价效应是由对突出的图像内容（例如在许多情绪图片研究中所使用的威胁性图片——蜘蛛）的注意力增强所诱发的。在我们的研究中，好奖品可能因为其颜色鲜艳和吸引人从而诱发这种 P1 反应。尽管如此，与 PSW 的研究结果一样，未来的研究需要同时控制视觉复杂性和情绪效价来验证这些假设。

总之，我们的研究表明学龄前儿童的大脑对正性结果反馈比对负性结果反馈的反应更强，这反映在接收到正性结果反馈时脑电活动的增强（例如更大波幅的 P1 和 PSW）。已有研究发现正性结果反馈能够增强其内在动机（Deci et al.，1999；Harackiewicz & Larson，1986）。将注意力集中在正性结果反馈上这种现象往往存在于学龄前儿童和早期学龄儿童，这可能会提高他们的学习积极性，同时对这一时期的认知与情感的发展也具有适应性意义（Bjorklund，1997；Bjorklund & Green，1992）。我们的研究结果也与幼儿情绪加工的右半球优势相一致（Heller，1993；Schwartz et al.，1975）。此外，我们设计的猜奖品游戏适用于儿童脑成像研究，该任务可以诱发简单的积极或消极情绪。以前的研究中也采用一些任务考察情绪加工的神经基础，如观看愤怒或高兴的面孔图片（Batty & Taylor，2006）。然而，这些研究更侧重于儿童对于情绪表达的识别，在本研究中我们设计的任务能够使我们探究儿童的情绪体验，以及随后的大脑和行为的调节。未来需要进一步探究大脑在其情绪体验加工中是如何发育成熟的。本研究的一个主要局限性就是只有一个年龄组的儿童参与我们的任务。尽管如此，本研究提供了一个了解学龄前儿童如何体验情绪以及他们的大脑如何对正负性结果反应的方法和窗口。

参 考 文 献

Alexander W H, Brown J W. 2010. Computational models of performance monitoring and cognitive control. Topics in Cognitive Science, 2(4), 658-677.

Alorda C, Serrano-Pedraza I, Campos-Bueno J J, et al. 2007. Low spatial frequency filtering modulates early brain processing of affective complex pictures. Neuropsychologia, 45(14), 3223-3233.

Barrett S E, Rugg M D. 1990. Event-related potentials and the semantic matching of pictures. Brain and Cognition, 14(2), 201-212.

Batty M, Taylor M J. 2006. The development of emotional face processing during childhood. Developmental Science, 9(2), 207-220.

Bjorklund D F. 1997. The role of immaturity in human development. Psychological Bulletin, 122(2), 153-169.

Bjorklund D F, Green B L. 1992. The adaptive nature of cognitive immaturity. American Psychologist, 47(1), 46-54.

Cohen J. 1992. A power primer. Psychological Bulletin, 112(1), 155-159.

Cole P M. 1986. Childrens spontaneous control of facial expression. Child Development, 57(6), 1309-1321.

Crone E A, Ridderinkhof K R, Worm M, et al. 2004. Switching between spatial stimulus-response mappings: a developmental study of cognitive flexibility. Developmental Science, 7(4), 443-455.

Crone E A, Zanolie K, Van Leijenhorst L, et al. 2008. Neural mechanisms supporting flexible performance adjustment during development. Cognitive Affective & Behavioral Neuroscience, 8(2), 165-177.

Cuthbert B N, Schupp H T, Bradley M M, et al. 2000. Brain potentials in affective picture processing: covariation with autonomic arousal and affective report. Biological Psychology, 52(2), 95-111.

Davies P L, Segalowitz S J, Gavin W J. 2004. Development of error-monitoring event-related potentials in adolescents. Adolescent Brain Development: Vulnerabilities and Opportunities 1021, 324-328.

DeBoer T, Scott L S, Nelson C A. 2005. ERPs in developmental populations. In T. C. Handy (Ed.), Event-related potentials: A methods handbook (pp. 263-297). Cambridge, Massachusetts: The MIT Press.

Deci E L, Koestner R, Ryan R M. 1999. A meta-analytic review of experiments examining the effects of extrinsic rewards on intrinsic motivation. Psychological Bulletin, 125(6), 627-668.

Demaree H A, Everhart D E, Youngstrom E A, et al. 2005. Brain lateralization of emotional processing: historical roots and a future incorporating 'Dominance'. Behavioral and Cognitive Neuroscience Reviews, 4(1), 3-20.

Eppinger B, Mock B, Kray J. 2009. Developmental differences in learning and error processing: Evidence from ERPs. Psychophysiology, 46(5), 1043-1053.

Gehring W J, Willoughby A R. 2002. The medial frontal cortex and the rapid processing of monetary gains and losses. Science, 295(5563), 2279-2282.

Goyer J P, Woldorff M G, Huettel S A. 2008. Rapid electrophysiological brain responses are influenced by both valence and magnitude of monetary rewards. Journal of Cognitive Neuroscience, 20(11), 2058-2069.

Groen Y, Wijers A A, Mulder L J M, et al. 2007. Physiological correlates of learning by performance feedback in children: a study of EEG event-related potentials and evoked heart rate. Biological Psychology, 76(3), 174-187.

Groen Y, Wijers A A, Mulder L J M, et al. 2008. Error and feedback processing in children with ADHD and children with Autistic Spectrum Disorder: An EEG event-related potential study. Clinical Neurophysiology, 119(11), 2476-2493.

Hajcak G, Dennis T A. 2009. Brain potentials during affective picture processing in children. Biological Psychology, 80(3), 333-338.

Hajcak G, Moser J S, Holroyd C B. 2006. The feedback-related negativity reflects the binary evaluation of good versus bad outcomes. Biological Psychology, 71(2), 148-154.

Hamm J P, Johnson B W, Kirk I J. 2002. Comparison of the N300 and N400 ERPs to picture stimuli in congruent and incongruent contexts. Clinical Neurophysiology, 113(8), 1339-1350.

Harackiewicz J M, Larson J R. 1986. Managing Motivation - the Impact of Supervisor Feedback on Subordinate Task Interest. Journal of Personality and Social Psychology, 51(3), 547-556.

Heller W. 1993. Neuropsychological mechanisms of individual differences in emotion, personality, and arousal. Neuropsychology, 7(4), 476-489.

Hewig J, Trippe R, Hecht H. 2007. Decision-making in blackjack: An electrophysiological analysis. Cerebral Cortex, 17(4), 865-877.

Hillyard S A, Anllo-Vento L. 1998. Event-related brain potentials in the study of visual selective attention. Proceedings of the National Academy of Sciences of the United States of America, 95(3), 781-787.

Hogan A M, Vargha-Khadem F, Kirkham F J.et al. 2005. Maturation of action monitoring from adolescence to adulthood: an ERP study. Developmental Science, 8(6), 525-534.

Holroyd C B, Coles M G H. 2002. The neural basis of human error processing: Reinforcement learning, dopamine, and the error-related negativity. Psychological Review, 109(4), 679-709.

Holroyd C B, Hajcak G, Larsen J T. 2006. The good, the bad and the neutral: Electrophysiological responses to feedback stimuli. Brain Research, 1105, 93-101.

Keil A，Bradley M M，Hauk O. 2002. Large-scale neural correlates of affective picture processing. Psychophysiology，39(5)，641-649.

Kelly A M C，Di Martino A，Uddin L Q，et al. 2009. Development of anterior cingulate functional connectivity from late childhood to early adulthood. Cerebral Cortex，19(3)，640-657.

Lambe E K，Krimer L S，Goldman-Rakic P S. 2000. Differential postnatal development of catecholamine and serotonin inputs to identified neurons in prefrontal cortex of rhesus monkey. Journal of Neuroscience，20(23)，8780-8787.

Liu C，Tardif T，Mai X Q，et al. 2010. What's in a name? Brain activity reveals categorization processes differ across languages. Human Brain Mapping，31(11)，1786-1801.

Liu Y N，Gehring W J. 2009. Loss feedback negativity elicited by single- versus conjoined-feature stimuli. Neuroreport，20(6)，632-636.

Luo Y，Sun S，Mai X，et al. 2011. Outcome evaluation in decision making：ERP studies. In S. Han & E. Popper (Eds.)，Culture and neural frames of cognition and communication (pp. 249-285). Heidelberg：Springer-Verlag Berlin.

McPherson W B，Holcomb P J. 1999. An electrophysiological investigation of semantic priming with pictures of real objects. Psychophysiology，36(1)，53-65.

Olofsson J K，Nordin S，Sequeira H，et al. 2008. Affective picture processing：An integrative review of ERP findings. Biological Psychology，77(3)，247-265.

Rosenberg D R，Lewis D A. 1995. Postnatal maturation of the dopaminergic innervation of monkey prefrontal and motor cortices - a tyrosine-hydroxylase immunohistochemical analysis. Journal of Comparative Neurology，358(3)，383-400.

Saarni C. 1984. An observational study of childrens attempts to monitor their expressive behavior. Child Development，55(4)，1504-1513.

Sato A，Yasuda A，Ohira H，et al. 2005. Effects of value and reward magnitude on feedback negativity and P300. Neuroreport，16(4)，407-411.

Schwartz G E，Davidson R J，Maer F. 1975. Right Hemisphere Lateralization for Emotion in Human Brain - Interactions with Cognition. Science，190(4211)，286-288.

van Duijvenvoorde A C，Zanolie K，Rombouts S A，et al. 2008. Evaluating the negative or valuing the positive? Neural mechanisms supporting feedback-based learning across development. J Neurosci，28(38)，9495-9503.

van Meel C S，Oosterlaan J，Heslenfeld D J，et al. 2005. Telling good from bad news：ADHD differentially affects processing of positive and negative feedback during guessing. Neuropsychologia，43(13)，1946-1954.

Van Strien J W，Langeslag S J E，Strekalova N J，et al. 2009. Valence interacts with the early ERP old/new effect and arousal with the sustained ERP old/new effect for affective pictures. Brain Research，1251，223-235.

Wiersema J R，van der Meere J J，Roeyers H. 2007. Developmental changes in error monitoring：An event-related potential study. Neuropsychologia，45(8)，1649-1657.

Wu Y，Zhou X L. 2009. The P300 and reward valence，magnitude，and expectancy in outcome evaluation. Brain Research，1286，114-122.

Yeung N，Sanfey A G. 2004. Independent coding of reward magnitude and valence in the human brain. Journal of Neuroscience，24(28)，6258-6264.